U0189559

植物的隐秘生活

植物的隐秘生活

[法] 西蒙·克莱因　著

王　茜　译

中国科学技术出版社

·北　京·

目 录

前 言

花也有生殖行为！严谨地说，植物主要是借助花才能进行生殖行为，因为花是植物的生殖器官。我们仔细想一想，好像植物并没有因为羞涩而掩盖自己的生殖行为！花没有"掩盖生殖器官不让别人看"，一切都暴露在动物的眼睛和鼻子面前。植物的繁衍过程其实完全展露在我们眼前！

原地不动的问题

我们经常能够注意到身边的花，背后其实是有原因的，这主要由于植物的一个非常简单的特征：原地不动。植物的根在地下，茎将植物的顶端导向天空，根据季节变化，茎上会长出花。除了枝条和叶子能够随风摇摆，植物的其他部分都是固定不动的。然而，地球上任何物种的繁殖行为都需要移动，繁殖需要雄性生殖细胞精子和雌性生殖细胞卵子的相遇。

以我们人类为例，卵子储存在女性的体内，男性在生殖行为时排出有动力的精子。整个过程需要女性和男性的相遇，然后是雄性生殖细胞的排出，并与雌性生殖细胞相遇。所有哺乳动物都是如此，除了少数例外，这一过程在动物王国的许多物种中大致相似。

克劳德 - 莫奈在吉维尼的花园中看到，春天的色彩迸发出来了。其实这些花都是植物的生殖器官。

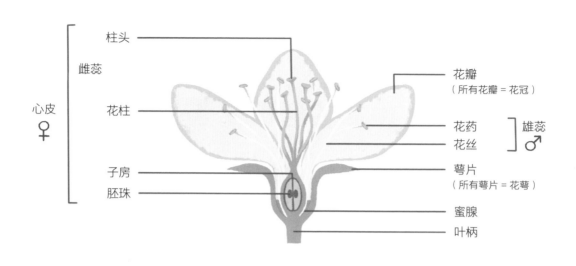

心皮
♀

雌蕊
- 柱头
- 花柱
- 子房
- 胚珠

花瓣
（所有花瓣 = 花冠）

花药 ⎫ 雄蕊
花丝 ⎭ ♂

萼片
（所有萼片 = 花萼）

蜜腺

叶柄

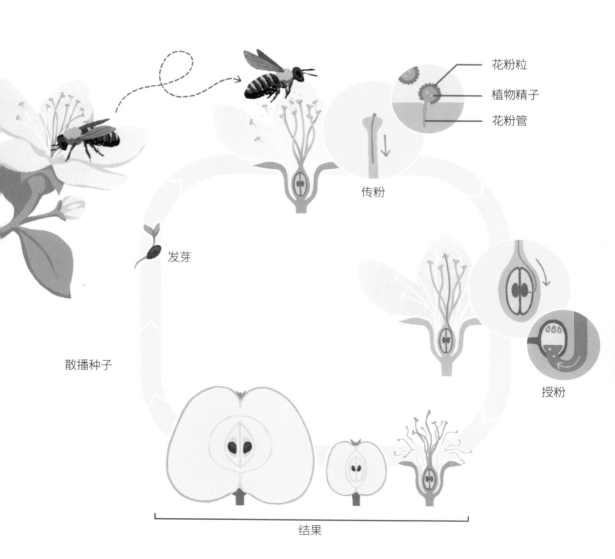

花粉粒
植物精子
花粉管

传粉

发芽

散播种子

授粉

结果

植物的生殖解剖结构

让我们回到开花植物上，探究它们的精子和卵细胞是如何产生的。植物的精子在一个小的、受保护的球体内，它们所在的微小花粉粒中非常温暖。每个花粉粒中都有两个精细胞。这些花粉粒都被紧紧地储存在一个叫作花药的包裹中，花药生长在花丝的顶端。花丝和花药构成了雄蕊，雄蕊就是植物的雄性生殖器官。

植物的卵子隐藏在子房内，子房通常位于花的中心和基部。子房的植物组织（细胞的组合）一旦受精，花朵就会发育成果实。

虽然受到子房的保护，但卵子完全可以在适当的时候接受精子。子房有一个相当复杂的入口，它悬在子房上，像一个指向天空的长廊，被称为花柱。花柱顶部通常有一个平坦且可能是双裂、三裂或有纹路的结构——柱头。柱头就像一扇门，是连接外部世界和花朵中心的孤立世界的纽带，珍贵的卵子就在那里。花柱和柱头组成了雌蕊，如果加上子房，就形成了心皮。

在大多数花中，子房居中，被雄蕊包围，雄蕊又被花瓣包围，形成花冠。还有一层绿色的、坚硬的组织，通常用于保护花的花蕾，这个外层组织被称为花萼，由萼片组成。

受精是一个卵子和一个精子的相遇。它们融合在一起，形成一个受精卵，受精卵发育成一个胚胎，这是雌性和雄性基因混合的结果。

不难看出，受精过程需要精子和卵子移动并相遇才能完成。但是，由于植物不会移动，它们不得不进化出一些策略来使这种会面成为可能，这就是所谓的"花粉传播"。更确切地说，是进化给了它们"非同寻常"的繁殖手段。

伟大的繁殖历史中的授粉

在进化过程中，花的产生对解决植物不可移动的问题起了决定性作用：事实上，从花粉出现的那一刻起，运输就成为可能。在植物的"运输中"，移动的不是植物本身，而只是最小的器官——携带精子的花粉粒。据估计，授粉最早出现在2.5亿年前的三叠纪。对于植物来说，受精是两方面的：其中一个精子与卵子相遇，另一个精子与卵巢区域的周围组织相遇。

　　花朵里卵巢周围的组织称为微孔。双重受精使种子和果实开始发育。这种包裹着种子的肉质果实在繁殖过程中具有非常重要的作用，它们能吸引动物来吃掉果实并吞下种子。果实可以被消化，但种子非常坚固，很少被消化。一般在几百米外的地面上的粪便中可以发现被排出的完整的种子，这颗种子会生长成一株新的植物。对该物种来说，这便是成功了。

　　当我们深入研究植物的繁殖过程时，我们必须注意其中涉及多个连续的阶段，其中就包括植物为克服其不能移动而采取的不同传粉策略。植物进行繁殖时，首先是授粉（花粉的传输），随后立即发生受精作用，受精过程发生在花朵内部，然后是种子和果实的成长与成熟，最后是种子的传播。传播途径可能是通过动物，例如引诱动物吃掉肉质水果；也可能是通过风力，例如蒲公英；还可能是通过水流，例如水流将椰子从一个岛屿带到另一个岛屿。

　　在本书中，我们将集中讨论植物繁殖的第一部分：授粉和受精。我们暂且不说其余的故事，那是在花儿枯萎的时候才需要考虑的……

风对花粉的运输

　　有什么是比风更好的传播者呢？

　　风是存在于地球表面的一种自然现象。风将花粉颗粒带到遥远的地方，例如云杉的花粉颗粒在漂洋过海之后，已经被发现出现在了俄罗斯海岸以北750千米处的斯匹次卑尔根岛。

　　然而，风也可能带来许多不利因素：花粉颗粒在花药成熟并释放出来的瞬间就会被送入空气中，它们可能会落在任何地方，包括落在与它们毫不相关的花朵上。风的不精确传播导致许多花粉被浪费！这种情况造成的结果就是，利用风进行传播的花朵会产生大量的花粉颗粒，以提高传粉成功率，通常它们较小且轻盈。

　　一些花粉颗粒甚至通过其他方法来充分利用上升气流，松树的每个花粉颗

粒都有两个气囊，使其变得更轻。

由动物授粉

1.2亿年前，一段伟大的"爱情故事"开始了。随着千年的流逝，它逐渐在开花植物和某些昆虫（即传粉者）之间展开，其中最具代表性的昆虫是蜜蜂。

这段"爱情故事"代表的不仅仅是简单的激情，更是一种共同进化。动物和植物物种同时演化，逐渐建立起令人惊奇的联系，往往彼此间存在依存关系。动物获得食物，而开花植物则在这种伟大的互惠交换中得以繁殖。

警惕自花授粉！

为了理解为什么植物有必要依赖像蜜蜂这样可靠的传粉媒介，我们有必要提醒一下，花朵非常抵触自我受精。当花粉落在同一花朵的柱头上时（一朵花的精子与同一花的卵子接触），就会发生自花授粉。超过80%的植物花朵都同时具有雄性和雌性生殖器官（被称为两性花），因此自花授粉的风险非常高，这种情况有时候确实会发生。某些物种能够自花授粉并繁衍后代（如豌豆）；因此，后代乃至整个物种的可持续性可能会受到威胁。

自花授粉类似于人类的近亲繁殖。由于这种繁殖过程中父母的基因是相同的，基因混合不足，因此只需要一点微小的不利突变（例如导致坏果实发育或使植物无法耐寒）在单亲体中存在，并将传递给下一代，可能会使这种不良特性在种群中固定。而如果发生了异花授粉（花粉被传递到另一朵花上），我们可以期望至少两个父母中的一个没有这种突变，并且后代也不会表现出这种突变。

因此，异花授粉是所有植物追求的目标，因为它保证了物种的遗传多样性和其在不断变化的环境中的进化和适应能力，由于森林火灾、森林砍伐等原因导致环境突变时，高度的适应能力就尤为重要。

花朵如何吸引传粉媒介？

为了给动物创造最佳的传粉条件，花朵进化出了高效而复杂的信号系统：颜色、形状和香气。这些信号对人类的眼睛和鼻子来说是一种享受，人类积极参与了对花朵品种的选择，以美化花园、阳台和制作花束。实际上，这些都是花朵展示的诱惑手段，用来吸引传粉媒介。花瓣是可以让花朵在周围的绿色环境中被远远识别出来的信号。花的大小也很重要，花朵越大，越容易被发现。

花朵在传粉媒介最活跃的时候释放出气味。这些气味被传粉媒介的触角捕

捉到，并成为它们寻找花朵的第一个指引。

此外，花朵似乎试图留住它们的访客，让访客们尽可能频繁地到来。

早在人类发明货币之前，甚至早在人类出现在地球上之前，花朵就已经建立了一种交易系统。大多数花朵通过提供食物来回报它们的传播者。首先，让我们来谈谈珍贵的花粉，它是受精过程的关键。对许多昆虫传粉媒介来说，花粉也是一种非常重要的食物来源。许多花朵都会生产大量的花粉，并毫不犹豫地展示出来，玫瑰和罂粟花就是这样的例子。

许多花卉物种通过花蜜回报昆虫的辛勤劳动，花蜜是一种富含维生素和天然抗生素的甜水溶液。花蜜产生在花朵的基部，在雄蕊和雌蕊下方的蜜腺中。蜜蜂将花蜜脱水后转化成宝贵的蜂蜜，这是它们在冬季的储备食物。蜂蜜为它们提供能量，用于加热蜂巢。虽然花粉是蛋白质和脂肪的重要来源，但花粉更适合正在快速生长的蜜蜂幼虫，而花蜜（以及蜂蜜）是为运动功能提供动力的糖源，如蜜蜂飞行或颤动翅膀——其作用是在寒冷的冬季增加蜂巢的温度。

这种液体对于喜欢访问花朵的不同动物来说非常有吸引力，以至于一些昆虫如大黄蜂发现了一种方法来获取这种宝贵的战利品：当花蜜藏得太深时，它们会在花朵的基部钻一个洞，然后从外面吸取花蜜。但这些"盗贼"并不参与传粉的过程，因为它们的身体不会接触到花粉。

为什么会沾满花粉呢？

如果花朵的存在是为了向专门寻找食物的动物发出信号，那么花朵的巧妙结构则是为了让这些动物身上沾满一些花粉颗粒。这些花粉颗粒如果没有在昆虫频繁的梳理中落在地上，就可能最终会附着在另一朵花的柱头上。需要明确的是，花粉在量上的损失是很大的，例如萼距兰的花粉只有3%会传播出去。其余的花粉留在植物上，可能会腐烂、进行自花授粉、被风和水带走，或者被动物食用。还要考虑在传粉媒介运输过程中产生的损失。因此，只有1%的花粉可能会到达另一朵花的柱头，就像这种兰花一样。

鸢尾花（*Iris germanica*）通过其芳香和复杂多彩的结构
吸引传粉者。

植物的隐秘生活

一只欧洲熊蜂（ *Bombus terrestris* ）正在一朵大花
六道木（ *Abelia grandiflora* ）的基部采集花蜜。
虞美人（ *Papaver rhoeas* ）花朵的中心比整个花冠
颜色更深，能够保留热量。
马蹄莲（ *Zantedeschia aethiopica* ）通过释放特有
的气味吸引苍蝇，这些气味类似它们在自然产卵
地留下的排泄物的气味。

各种多样的传粉媒介

尽管有如此大的损失，动物传粉
还是比风传粉效果更好。它如此高效，以至于花朵这个大家庭选择了多样化合
作方式：我们可以找到由鸟类传粉的花朵（如天堂鸟、木槿花），由蝙蝠传粉的
花朵（如红千层、香蕉树、猴面包树），或者更为罕见的是由蜥蜴（如卢梭藤）、
小型有袋动物（如红千层）或蜗牛（如某些番薯藤）传粉。在昆虫中，我们经
常提到蜜蜂作为例子，但需要知道的是，90% 的蜜蜂物种既不被驯化，也不是
社会性的，在传粉方面发挥的作用有限；蝴蝶、甲虫、苍蝇或蚂蚁在传粉方面
也作出了很大的贡献。

生活不仅仅是食物！

尽管食物对每个个体都至关重要，但花朵不仅仅利用其可食用性作为诱饵，
还可以满足传粉媒介的其他生命需求，例如热量需求。许多花朵，如罂粟花、郁
金香或向日葵，为那些比较怕冷的昆虫提供了一个温暖的避难所。另外，有些植
物也是昆虫聚会的好场所（如大型睡莲适合小型甲虫），或者是繁殖的好场所（如
无花果树适合囊状蜂）。有些花甚至采取了"虚假宣传手法"：它们模仿繁殖场所，
如海芋；或者直接模仿性伴侣，如某些兰花，以吸引宝贵的花粉传播媒介。

从植物中汲取知识

花朵与动物或环境元素（如风或水）之间的自然互动，展现了植物为了生
存而演化的复杂性，这些故事令人惊叹。在本书中，我们选择了 50 个我们认为
最有代表性的例子来探讨这个主题。当然，我们本可以把更多的篇幅用于这个

话题，甚至可以写几本书，因为传粉的奥秘和魔力体现在众多物种中，从简单的雏菊到高大的栗树。但本书作为入门读物，旨在让读者在踏入探索植物世界之前先观察它们的样子！

我们向你展示这些充满魅力、诱惑和诡计的故事，它们在我们的眼前一幕幕上演，让我们的草地、森林、小径和农田在春天变得五彩斑斓，同时也促进了生物多样性的繁荣。

你可以将这本书用作实地指南甚至是故事书！希望你在你能到达的所有地方，尽可能多地成为这些了不起的故事的见证人！或者，你可以翻阅这本书，单纯地感受大自然的力量所带来的震撼。

传粉对人类的重要性

这些植物物种对于我们在地球上的存在至关重要。我们的绝大部分食物都是由开花植物产生的，甚至有些是由花朵本身构成的，如西葫芦花、洋槐花，它们可以用来做炸饼。我们吃过的蔬菜、水果或谷物都是植物，面粉和植物油也是从植物中来的。植物无处不在地融入人类的饮食中，每一棵植物在被收获之前都曾经是一颗种子，而每一棵植物都是通过传粉过程繁衍而来的。总结一下，超过三分之二的食物与动物传粉息息相关。

至于剩下的三分之一，其中包括我们农田中大多数的谷物（如小麦、大麦、玉米……），它们主要通过风来传粉。即便如此，如果昆虫传粉媒介消失，人类的食品安全将受到严重威胁。

毕竟，谁愿意每天只吃面粉饼或玉米呢？动物传粉的重要性甚至在 2008 年就被研究人员进行了评估：每年它将带来约 1530 亿欧元的价值，当时折合人民币约 1.5 万亿元。

对花的繁殖构成威胁的因素

现在，昆虫传粉媒介在逐渐消失。

如果你曾经在 20 世纪 80 年代的夏季假期里自驾游，你可能会遇到一个令人讨厌的问题：不得不频繁停下来清洁满是死去的小昆虫的挡风玻璃。如今，这样的小麻烦已经消失了。这是近 30 年来昆虫数量惊人减少的一个悲剧性证据！

丹麦的一项研究验证了这一发现：1997 年至 2017 年，挡风玻璃上死去的昆虫数量减少了 80%。其他更复杂的研究也揭示了相同的趋势：飞行昆虫的数量正在快速减少，这在欧洲和美国尤为显著。原因是农业和城市化破坏了它们的栖息地，大量使用农药、气候变暖迫使一些物种迁徙或灭绝。

对于蜜蜂，我们可以评估蜂群的健康状况，多年来，在许多国家，蜜蜂群的损失远高于以前。这些趋势主要与大量使用农药、食物稀缺、捕食者或寄生虫的压力增加以及气候变化有关。

气候变化对于花朵和传粉者之间这美好的关系起着潜在的作用：它改变了开花日期，花朵开放得更早；而昆虫则稍晚才变得活跃，不像植物那样受到这种变化的干扰。我们已经观察到了杏树和樱桃树受到此影响的现象：在这种情况下，植物无法繁殖，昆虫则因错过花期而无法找到食物。

人类活动对传粉过程的重要性同样有着不可忽视的作用，影响了这一伟大而美丽的传粉历史。我们邀请你深入其中，并希望你能像我们一样发现其中的美丽和魅力！

- 右图：春天时，位于泰罗尔地区南部的苹果园盛开的花朵吸引了许多昆虫，它们对传粉和水果生产至关重要。

接下来的双页：

- 最重要的传粉媒介是膜翅目昆虫，如蜜蜂、地黄蜂、角蜂、木蜂等。其次是双翅目昆虫，如食蚜蝇，然后是鳞翅目昆虫，如日蛾或蛇神蛾。某些鞘翅目昆虫，如瓢虫或甲虫，也是传粉媒介。其他膜翅目昆虫如蚂蚁或黄蜂，偶尔也会传粉。
- 许多鸟类，如蜂鸟，会为热带花卉传粉。更为奇特的是，还有蝙蝠、狐猴、有袋动物、壁虎，甚至是一种小蜗牛，都会为特定物种的花朵传粉。

在田野里

牵牛花

美丽的小喇叭

它们是攀爬着的藤蔓。对于园丁来说，它们可能会从一种因美丽而受宠的植物变成需要清除的植物，因为它们很容易变得太过繁茂。牵牛花属于旋花科。"convolvulacées"这个名称源自拉丁语"convolvulare"，意为"盘绕"，因为它们会盘绕在支撑物周围。它们的第一个特征是有压迫性的藤蔓，可以覆盖住它们所攀附的植物。牵牛花目前已经在许多花园中引种，以便人们欣赏其美丽的花朵。

旋花科的花朵非常独特，它们的结构确保了成功的异花授粉。它们是漏斗形的大花，这种形状在很多方面非常实用，首先，它可以保护在基部的生殖器官，并且可以简单地向蜜蜂指示花粉的位置——就在中心位置；昆虫可以从任何一侧进来。对于牵牛花来说，保护生殖器官是它们的主要任务：一旦有云层遮挡太阳并预示着即将下雨，花朵就会闭合；晚上这些花朵会关闭，以保护花朵中的器官免受夜间啃食者的侵害；黎明时分，花冠展开，恢复其漏斗形状。这也是它被称为"夕颜"的原因。花冠由五片从基部到末端连接在一起的花瓣组成；在花的内部，我们可以看到五个

学名
牵牛花（*Ipomoea Purpurea*）
科
牵牛花科
生境
田野、荒地、道路边缘
观察地点
我们可以在花店里买到牵牛花的种子并种植在花园中，也可以在自然环境中找到它们。
花期
6月至10月

21

传粉策略

　　这些花朵的形状呈漏斗状，方便昆虫进入并获得中央的花蜜，与此同时，它们也会迫使昆虫经过雄蕊和雌蕊。这样一来，传粉者会粘上花粉，或者被迫将来自另一朵花的花粉传到花柱上。

花蕊，它们携带着花粉，分属于五个子房，确保了蜜蜂能够进入花蕊获取花蜜。在花蕊的中心有一枚微长一些的雌蕊，稍微远离自身花朵的花粉源，这是避免自花授粉的一个好方法。

　　一旦蜜蜂或大黄蜂看见了旋花科的花朵（它们对旋花科花朵的气味不太敏感，这些花朵不会散发出任何香味），蜜蜂就会把头和整个身体完全伸入花朵中，将口器伸入其中一个花室，享受花蜜的滋味。但很快它就会把花蜜喝光，然后它会把口器伸入另一个花室，并重复这个过程。如此循环，蜜蜂将依次吸干五个蜜室，这些蜜室就像是左轮手枪上的弹膛。这种结构迫使蜜蜂探访所有的蜜室以获得足够多的花蜜，迫使它停留更长时间并在花中移动，进而使它粘满花粉，因此被称为"弹轮结构"。饱食一顿的蜜蜂背上满是花粉，它们继续飞行，发现同一物种的另一朵旋花科花朵（只要还有旋花科的花朵，蜜蜂就会继续访问，这样它就不需要思考——这是蜜蜂采蜜的专一性特点），就会立即进入其中。在进入时，它有很大机会碰到这朵花上的柱头，柱头由花的长柱承载，这样它就会将第一朵花上收集的花粉沉积在上面。

　　因此，蜜蜂确实帮忙实现了异花授粉！

　　这种非常典型的旋花科授粉方式还存在于印度的一种物种中——短梗土丁桂（*Evolvulus nummularius*）。这种印度花不像牵牛花那样害怕雨水；相反，即使下雨，它仍然敞开着等待一位奇特的访客。当下雨时，一只小蜗牛会把它的壳尖伸到短梗土丁桂的漏斗上。优雅的蜗牛带着尖锐的壳，是访问短梗土丁桂的常客，也是它的传粉者！

右页图自上而下：
- 牵牛花在夜晚闭合以保护雌蕊和雄蕊。
- 蓝色岩旋花（*Convolvulus sabatius*）特别的漏斗形状。

罂粟花

具有一颗黑色的"心"

这种拥有鲜红色花瓣、黑色花心的大花非常喜欢生长在新翻耕的土地上，人们在春天的时候可以欣赏到它们；在秋收之前，它们会长满田野的边缘。罂粟花是一种田野花，它们生长在谷物田地里。罂粟花的历史与农业的历史密切相关。田野罂粟是从一种目前仍然能在近东地区（美索不达米亚）找到的植物演变而来的，而那里正是农业开始兴起的地方。人类后来逐渐迁徙，农业传播到了世界各地，罂粟花也逐渐发生演化以适应农业的扩张。

罂粟花的花朵纤细而脆弱，生命极其短暂。清晨，橄榄球形状的绿色多毛的花蕾开始竖立；内部皱巴巴的花瓣伸展开来。很快，四片鲜红色的花瓣平滑展开。早晨 7 点左右，花朵已经完全张开，盛宴开始了！在这个红色碗状花朵的中心，是一圈由数百个雄蕊组成的黑色花冠，为任何想来采食的生物提供了数十亿颗花粉！但要注意，罂粟花没有花蜜，它们是为数不多的只提供花粉给传粉者的花之一。昆虫必须前来帮忙，罂粟花没有让风媒传粉的结构；它们绝对需要来自另一朵花的花粉来产生种子，

学名

罂粟花（*Papaver rhoeas*）

科

罂粟科

生境

农田边缘、土堤、道路边缘

观察地点

在麦田即将变黄之前，在道路边缘，经常与矢车菊一起出现。一些园艺品种的罂粟花可以种植在花园和阳台上。鸦片罂粟花是一种在露天大田种植用于生产吗啡的罂粟开出的花。

花期

5月至9月

25

传粉策略

 这朵红色的花对蜜蜂并不具有吸引力，但它会散发紫外线，并通过热量对比凸显花心中的花粉，吸引昆虫前来。紫外线和热量对于人肉眼不可见，但昆虫对此十分敏感，可以帮助它们找到罂粟花产生的花粉。

因为位于中央厚实柱头上的星状排列的柱头只接受异花传粉。因此，罂粟花产生大量的花粉，这些花粉中的大部分将被蜜蜂和大黄蜂收集到腿上的花粉囊中，并带回它们的巢穴。但是这场宴会只持续不长的一段时间，大约到了上午11点，鲜红的花瓣就会开始变软，然后在中午凋谢。罂粟花的花一般只能盛开一个上午，最多只有一天。

在早晨的几个小时里，罂粟花美丽的红花能吸引许多昆虫，尤其是蜜蜂和大黄蜂。但值得注意的是，这些昆虫对红色的辨识能力很差，因为它们没有特定感受红色的器官。红色在它们眼中呈灰色，与周围的绿色很难区分。然而，这些昆虫对紫外线敏感，但对人眼来说紫外线是看不见的。罂粟花在人眼中看起来是红色的，并且会释放出昆虫能感知到的紫外线，使它们在环境中变得显眼。为了提高可见度并更好地引导传粉者，花瓣底部的黑色标记指示了哪里可以找到花粉——类似于其他花中的花蜜指示器。

生长在美索不达米亚平原的罂粟花则主要由甲虫进行传粉，它们对红色有很好的辨识能力。这些中东罂粟花的花瓣不会释放紫外线。

罂粟花的黑色中心能吸收和释放热量，因此花朵中心的温度可能比边缘高2℃。蜜蜂和大黄蜂的触角和腿上有特定的感受器，可以检测到这种差异。它们会更加准确地被引导到花朵的中心，也就是花粉所在的地方，就像它们使用了红外摄像机一样，能准确发现目标。

被这美丽的紫外线吸引，蜜蜂靠近花朵，然后朝着中心刺入，那里有分布在更暗、更温暖的区域的花粉。花粉颗粒附着在它们的腿上或黏附在它们的绒毛上，然后被带到其他花朵的柱头上，实现异花传粉。

玉 米

天使之发

你能把玉米和花联系起来吗？我们经常看见烧烤的玉米穗，玉米面制成的墨西哥玉米饼，喂给牛吃的碎玉米，但是玉米花呢？你能想象一束玉米花吗？

为什么不呢！因为如果有穗，那就有种子、有果实，也有花！所以是的，在穗之前，是有花的。而且，你会看到，不止一朵花！

如果你在春天漫步在玉米地里，可以在同一株玉米植株上看到几个部分：它由一根单独的坚硬茎组成，每个节上都有叶子。茎可以长到两米高，这就是为什么人们在玉米地里很容易迷路，玉米地是一个真正的迷宫。在植株的顶部，有一些细长的穗状花序，它们像羽毛一样在顶端分开，这些花序上都长着小花，它们是雄性的，它们首先需要变成熟，产生大量小颗粒的花粉。

沿着植株往下走，你会看到一朵奇怪的花，被长长的叶子包裹着。它像天使的头发一样，从中长出了许多丝，并随着年龄的增长而变长。这就是未来的玉米穗。这个穗是由雌性花组成的，而长长的丝是连接到穗内紧密排列的大量子房的柱头。这些子房在受精后会产生玉米粒。因此，玉米在同一株植株上拥有雄花和雌花。正如你看到的那样，这些花并不吸引人，并不

学名
玉米（*Zea mays*）
科
禾本科
生境
开阔且阳光、水源充足的地方
观察地点
作为全球最常见的植物之一，玉米在欧洲的田野和菜园中随处可见。
花期
7 月

29

传粉策略

 玉米的花由风进行传粉，它们没有花瓣，也没有气味或花蜜，不吸引昆虫。花粉由雄花产生，具有长花柱的雌花会最大程度地捕获花粉。它们自身雌花和雄花处于分开的位置有利于异花授粉。

美观。它们似乎并不能让卖花的人动心；对于传粉者来说也是一样的，我们很少会看到蜜蜂或大黄蜂围绕着一棵玉米植株飞来飞去。玉米植株没有芳香的气味，也没有鲜艳的花瓣能引起蜜蜂注意。因为玉米并不在这方面展开竞争，与地球上不到 10% 的花一样，玉米花利用风作为传粉媒介。

首先，为了防止位于雌性花上方的雄性花将花粉撒落到同一株植物的雌花上，两种花的成熟时间不同步，雄性花比雌性花早几天成熟。同一片玉米田中的所有植株不会同时开花，因此被风吹散的任何花粉在周围 500 米以内都会找到雌性花的丝来沉积、生长并穿过花柱，最终到达子房中心的卵母细胞并与一粒精子结合。在玉米中，异花传粉是常态。

右页图自上而下：

● 摘自赫尔曼·阿道夫·克勒（Hermann Adolph Köhler）的《药用指南》（*Guide médicinal*），于 1887 年在德国出版。

● 雌花的细长柱头，正等待着通过风传播来的花粉。

● 雄花的雄蕊随风摇摆并散布花粉。

玉米花的结构适应了风的作用，雄性花的长茎形成了一个被称为花序的花束，高出玉米植株，并可以在风中舞动。它像在微风中摇晃的铃铛一样，带着下垂雄蕊的花释放出大量的花粉。

在玉米雄性花的下部，雌性花在等待着。这些雌性花展示出它们最大的诱惑特征，那些长长的丝，可以增加与通过空气传输的物质接触的表面积。与被昆虫传粉的花不同，在昆虫传粉的花中，花粉被直接送到目的地，准确地附着在柱头上，因此柱头可以相对较短，从而在风中受到保护。而在风媒传粉的植物中，存在一个问题——风永远不会像昆虫的翅膀那样精准，因此花粉可能会飘向离雌性花更远的地方。于是，通过在子房周围增加接触面积，雌性花便增大了捕获花粉的机会。

向 日 葵

在阳光下

向日葵受到玛雅人和阿兹台克人的崇敬，直到 15 世纪才被引入欧洲。从那时起，它们被越来越多的农民种植，现已成为全球最广泛种植的大田作物之一。向日葵可用于生产食用油和农业燃料。人们对向日葵的热衷主要是由于它们可以用于制造饲料：它的种子经过加工，能以粉末或完整颗粒的形式，广泛用于畜牧业。然而，向日葵也因其美丽且庞大的黄色花朵而备受关注，花如其名——向着太阳转动。实际上，向日葵的花朵还处于蓓蕾状态时，会追随太阳的轨迹转动。而在全面开花后，向日葵的花盘将不再转动，而始终保持朝向同样的方向——东方，那里是早晨阳光最热烈的地方，也是传粉昆虫最活跃的时刻。

一朵"巨大的黄花"，这就是向日葵给我们留下的印象！当然，远处的蜜蜂也可能把这片黄色的海洋当作一朵巨大的花。但是当我们近距离观察时，我们会发现向日葵实际上是由上千朵小花组成的。向日葵有复杂的花序，由一个支撑所有小花的花盘组成，这些小花形成了中心（或花心），周围环绕着一圈不同的花朵，负责承载大的花瓣。这种设计相当常见，这是菊科植物的标志，它是全球最广泛分布的植物

学名
向日葵（*Helianthus annuus*）
科
菊科
生境
开阔、阳光充足的地方
观察地点
夏末时节的大片黄色田野和花园是向日葵的领地，人们也很容易在花店中找到它们。
花期
7 月至 10 月

33

传粉策略

向日葵的花实际上是由上千朵小花组成的大型聚花序。这种结构使得它们更容易被昆虫注意到。这些花面向东方，早晨的阳光使它们成为昆虫向往的温暖平台。

之一！我们可以想到菊花、雏菊、紫苑以及拥有类似结构的蔓草。其中，中心紧密排列的小花（这些花被称为筒状花或舌状花）环绕在每朵花朵周围，每朵花朵都有一个独特的花瓣。这些小的舌状花瓣经常被人们一片一片地摘下来，看看他们所爱的人是否也爱他们。这些花是不育的，形成了围绕着花心的花冠；如果靠近中心，我们会看到所有这些没有花瓣的有性别的花朵。就像其他许多花朵一样，有性别的花朵通常不会同时拥有雌性和雄性两个活跃的性器官，以避免自花授粉。因此，从外部开始，它们首先是雌性，然后是雄性。中心的花蕾会尽可能长时间保持未开放状态，最后一朵绽放的将是中心的花朵。在花期的中期，我们可以在向日葵上找到种子、授粉的花朵、雌性花朵、雄性花朵和花蕾，从向日葵的外部向中心递进。

所有这些花都会产生花蜜，以吸引传粉媒介。此外，传粉媒介可以在温暖的环境下尽情享用这些花蜜，因为花序随着早晨的阳光转动，这为没有温血的传粉媒介提供了宜人的温暖环境。

蜜蜂首先被外层的大花瓣所吸引。它们会在花序的边缘降落，然后开始一步一步地从外围向中心寻找花蜜。不可避免地，它们首先经过雌性花朵，然后经过雄性花朵。在这个过程中，它们会粘上花粉。一旦到达花序的中心，它们就会离开。当它们飞到另一朵向日葵并被花瓣吸引时，它们会在边缘降落。当蜜蜂从第一朵向日葵上的雌性花朵传粉到另一朵向日葵的花朵上时，就确保了异花授粉的进行。

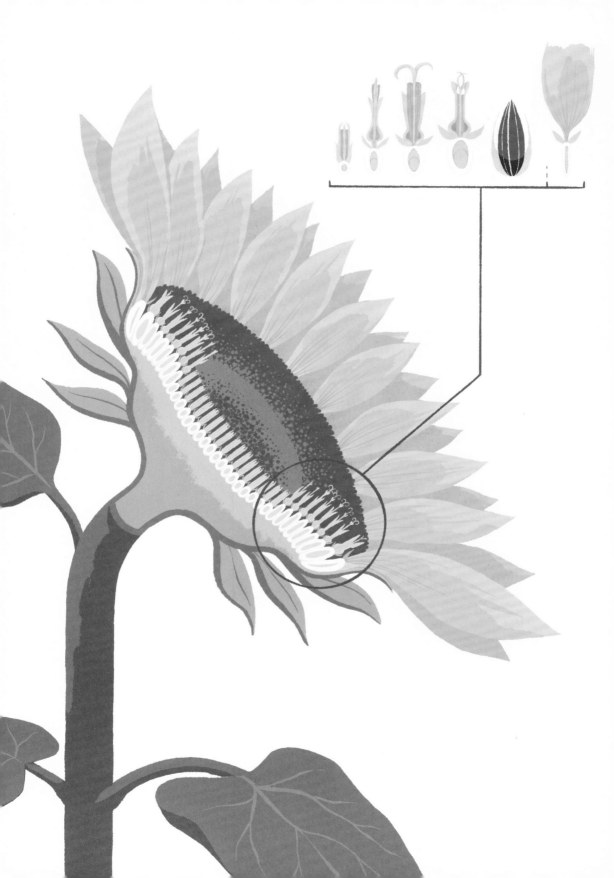

在路边陡坡上

汉荭鱼腥草和天竺葵

自然之美与人工塑造

一提到这个名字，我们自然联想到这样的景象：花盆挤满了窗台，遮挡住绿叶的是一片片茂盛的红花。是的，在我们的想象中，"汉荭鱼腥草"既装饰着我们亲爱的奶奶的窗台，也出现在20世纪60年代的"俗气"的明信片上。

然而，对于大众来说，这种花的名称叫什么，并没人关心；而对于任何一位合格的植物学家或园艺师来说，这实际上是一种天竺葵。在植物学中，所谓的"汉荭鱼腥草"包括几十种野生和栽培品种，分布在温带地区，在欧洲的森林和农田中广泛存在。这些植物通常有小而粉红的花，例如广泛分布的小花型汉荭鱼腥草。花朵由五片花瓣组成，排列成一个圆圈，围绕着一个高于其周围的柱头。这些花被称为辐射对称花，就像百合花、向日葵或郁金香一样。

至于天竺葵，它们主要是来自南非的物种，已在欧洲广泛定植、选育和杂交。它们的花通常是红色或粉红色的，也有五片花瓣，但它们不是排成一个圆圈，而是镜像对称，关于中心平面对称——这些花为两侧对称花，就像龙脑香、忍冬、鲁冰花等一样。它们的雄蕊数通常少于10个，并有1个雌蕊。

然而，尽管存在这些对称性的差异，汉荭鱼腥草和天竺葵在进化上仍非常接近，以至于

学名
汉荭鱼腥草（*Geranium robertianum*）和天竺葵（*Pelargonium* sp.）
科
牻牛儿苗科
生境
汉荭鱼腥草：草地、路边、岩石区、林下
天竺葵：岩石区、干旱草地
观察地点
汉荭鱼腥草在野外、沿着道路上可以找到。还有许多园艺品种可种植在花坛。
天竺葵常见于花园和窗台边。它是世界上销量最高的盆栽植物！法国布尔日甚至有一个国家天竺葵保护中心。
开花时间
5月至10月

传粉策略

汉荭鱼腥草的花呈辐射对称，而天竺葵的花呈双侧对称。除了这些区别外，这两种花都通过一些常见的方式吸引传粉者：强烈的香气和花蜜引导器，向昆虫们指示宝贵花蜜的位置。当昆虫们前往寻找花蜜时，它们会粘上花粉。

它们被归类为同一类——牻牛儿苗科植物。

这两种花利用相同的传粉策略来吸引昆虫传粉者，并促进异花传粉。首先，它们利用气味来远距离吸引注意。然后，通常是通过颜色的对比（红色或粉红色与绿色形成鲜明对比）吸引目光。昆虫们靠近花朵，然后通过更微妙的信号，也就是花朵上的花蜜引导，被"牵引"。无论是罗伯特香草圆形花冠中心的亮点，还是某些天竺葵顶部花瓣上的明亮条纹，两种情况下，花朵都指示出花蜜的位置：在花朵中心。

像许多其他花朵一样，天竺葵科植物在雄性部分和雌性部分之间具有时间上的成熟差异系统。

所有花朵起初都是雄性的，然后雌性器官接替控制，花朵绽放后便具有受精能力了。一朵花的花粉不能与同一朵花的柱头接触，但如果一个传粉昆虫先前经过一朵年轻的花，然后飞到一朵成熟的花上采集花粉，这些花粉颗粒就会落在成熟花的柱头上。这样，天竺葵属植物就实现了异花授粉。

右页图自上而下：
- 《盆栽天竺葵》（*Géranium en pot*），奥迪隆·雷东（Odilon Redon）绘制，1905 年。
- 一只蚂蚁前来偷取罗珊矮地老鹳草（*Geranium himalayensex wallichianum*）的花蜜。这种花呈径向对称。
- 这些天竺葵花期长，但吸引的昆虫较少。

天竺葵花朵的寿命相当长久。不幸的是，园艺上的选择导致了天竺葵花具有几乎不变的状态，并被剥夺了它们与传粉媒介之间的充满活力的关系。一项研究调查了约 30 种常见的花朵，它们是从不同的育种品种中选出的，用于园艺用途，因此受人类喜爱。研究的目的是看看蜜蜂是否与我们有着相同的品味，以及我们对大自然的看法是否适合它们。这项研究花费了多年时间，结果显示天竺葵是被最少光顾的，甚至有时几天都没有传粉者光顾，而大多数其他花朵每天都会受到数百只各种昆虫的访问。似乎我们过于想要占有自然，而把主要的利益相关者排除在外。或者，很简单，蜜蜂比我们更有品位！

黄花九轮草

太短或太长！

春天来临时，黄花九轮草很容易被发现，它们的黄色小铃铛高高地生长在纤细、浅绿、毛茸茸的茎上，在风中摇曳。这是广泛分布于温带地区的黄花九轮草，它们可以在草地、森林边缘或田野上很容易地被找到。它们在春天早期就开花，属于较早绽放的花朵之一，正如其拉丁名 *Primula*（意为"最初的"）和 *veris*（意为"春天"）所示。

黄花九轮草已经完全理解了自花授粉带来的问题，因为这种授粉方式会导致种群的遗传多样性减少，并最终增加有害突变的发生。与大多数花朵一样，黄花九轮草需要来自其他花朵的花粉与其柱头结合，无论这些花朵距离多远。花粉不能来自同一株植物，因为这意味着花朵将被与卵细胞具有相同遗传基因的精子所授精。黄花九轮草是两性花，同时具有雌雄两种生殖器官。

这些小黄花充满了花蜜，因此对昆虫尤其具有吸引力，包括蜜蜂和大黄蜂，还有一些在春天早期成虫的孤居蜂类，例如地蜂。

昆虫会被黄花九轮草微妙的香气吸引，然后被茎顶部的小黄色斑点所吸引，这些斑点在草丛中十分显眼。它们会飞过去享用花粉和花蜜，然后继续访问其他花朵，而不会意识到它们所传播的基因信息。

学名
黄花九轮草（*Primula veris*）
科
报春花科
生长环境
道路边缘、土堤、树篱
观察地点
在石灰岩地区的道路边缘、草地、牧场和阳光明媚的树林中可以找到黄花九轮草。报春花是被驯化的黄花九轮草品种，被种植在花园或阳台上。
开花时间
4月至6月

传粉策略

黄花九轮草存在两种类型的花朵：一种具有长雄蕊和短柱头，另一种具有短雄蕊和长柱头。拜访长雄蕊花朵的蜜蜂只能授粉给长柱头的花朵，反之亦然。这种结构降低了自花授粉的风险。

地蜂深入黄花九轮草的管状花冠中，很可能会将花粉传到同一朵花的柱头上；这时，问题来了：自花授粉发生了，这本应该能被避免的！

但是这并没有考虑到黄花九轮草在进化过程中获得的巧妙机制！如果我们对黄花九轮草的多朵花进行观察，我们会发现这些花有两种不同的结构。一种是具有长柱头的花，柱头甚至延伸到花冠之外，并且柱头下方有着很低的花药，花粉只在花的基部呈现，在一个狭窄的区域之后便可到达蜜腺中的花蜜。这种类型的花被称为长柱头花（长柱型）。而黄花九轮草的另一半种群则具有相反的设计，它们被称为短柱头花：一个微小的柱头仅在蜜腺之前的狭窄区域中延伸，而非常长的花药几乎伸出由花瓣相连而成的花管。

当黄蜂（或蜜蜂）到达黄花九轮草的花朵深处享用花蜜时，它们会深入花朵，将头部伸入花底部，伸出口器，通过狭窄的区域到达并啜饮花蜜，直到花朵的最底部。如果花朵是长柱头花，花粉就会在花的基部呈现，昆虫会从花朵中出来，头上沾满了花粉，只有头部！吸过一朵花之后，黄蜂会飞向另一朵花：如果它进入一个短柱头花，将头部深入花朵最深处，粘在它的额头上的花粉会直接接触到柱头，而在这种结构中，柱头刚好从花蜜库中伸出。因此，受精过程有可能发生，因为短柱头花和长柱头花从不生长在同一棵黄花九轮草上，这就是交叉受精。一旦昆虫进入短柱头花中，当它为了寻找花蜜而活动时，它的腿会颤动和移动，覆盖上高处分布的花粉。这些花粉只会与同样高处的柱头接触，也就是长柱头花。因此，对于黄花九轮草来说，交叉受精是成功的传粉策略！

车前草

如果好风从这里吹来

　　车前草广泛分布于我们的乡村地带，并且也很容易在我们的草坪上被发现，它们擅长保持低调，直到夏末时节，它们那长长的茎上才开放出奇特的花朵，从杂草中脱颖而出。然而，这种植物非常谦逊和脆弱，它们愿意在其他植物不愿生长的地方生存，特别是易受到踩踏的地方，无论是人们踩踏的道路还是牲畜的踩踏。车前草这个名字可能来源于它们通常生长在被反复踩踏的地方，或者是因为它们的叶子形状贴近地面，类似于脚的形状。踩踏会消除许多其他植物，从而促进车前草的生长，让它们有更多的空间从土壤中吸取水分和养分，而无须担心过强的竞争。

　　车前草是一种非常常见的植物，不同种类的车前草，叶子的形状可能是圆形或近似圆形，但叶脉始终平行。在开花期间，车前草会从地面上玫瑰花状的叶子中间尽可能向上生长，形成一个包含多朵花的花序。花序由许多小花紧密排列在一起。这些花序中的花通常不是最吸引人的：无论是从形状还是颜色来看，它们都相对简洁，可以类比麦穗！

　　当我们靠近车前草的花序时，首先可以注意到它们的特点：没有鲜艳的花瓣，没有香味，

学名
狭叶车前（*Plantago lanceolata*）
科
车前科
生长环境
草地、道路、草坪
观察地点
在城市中，可以在砖石铺砌的地面、草坪或乡村小道上找到它们。
花期
3月至10月

传粉策略

车前草的花朵借助风进行传粉。车前草尽可能地将雌花和雄花依次排列在最高处，以便花粉能够尽可能远地传播。雄花位于雌花下方，以避免同一植株的花粉落在自身的雌花上。

也没有花蜜的痕迹。哪种昆虫或鸟类会发现它呢？车前草不是一种寻求与其他物种为伴的植物，相反车前草是风之花！它们努力生长在高高的裸茎上，随风舞动，这样就可以尽可能远离地面，以便花粉能够尽可能远地传播！

关于花粉的产生，让我们更仔细地观察一朵开花的花穗。随机选取一朵花穗时，我们经常能够发现不同成熟阶段的花朵。

这种成熟过程按照一定的顺序进行。花朵从下往上依次开放：因此花穗的顶部会尽可能长时间保持花蕾状态。在第一阶段，雌蕊起主要作用：柱头接受任何随风而来的花粉。然后花朵变成雄性，柱头不再接受花粉；最后，散布过花粉的雄蕊凋谢掉落，果实和种子得以发育。

因此，从上到下，我们能看到一段花蕾，然后是一段雌性花朵，带有白色的柱头，使花穗整体呈现出类似簸箕的外观；之后又是一段长有细长花药丝和非常细的花药头的雄性花朵，花药头上有在风中振动的丝状物。这样可以在微风中将花粉传播出去。最后，我们会看到已经受精的花朵开始发育种子。

车前草通过风散播种子，在草坪和路边繁殖。这种非常普遍的植物是我们餐桌和药房的好朋友：它的花穗可以食用，可以放入黄油中或制成腌制品；而叶子具有抗组胺特性，可以缓解与昆虫叮咬后产生的瘙痒！下次被蚊子或蜜蜂叮咬时，试试捏碎一片幼嫩的车前草叶子，然后将其涂抹在叮咬的地方，瘙痒和疼痛应该会减轻。

右页图自上而下：
- 车前草的植物学插图，19世纪。
- 狭叶车前的叶子呈矛尖形状。
- 下垂的雄蕊可以识别出穗上的雄花。

香堇菜

幸福生活，隐藏生活

在春天，它们悄悄地出现在路边、田野里和森林中，它们就是香堇菜。它们的气味芬芳而微妙，通常需要多次闻才能真正感受到，因为它们的香气闻多了会令人烦恼，使我们的嗅觉饱和，需要稍作停顿后才能再次感知。

香堇菜的花是一朵小花，由五片花瓣组成，呈轴对称，花瓣下部向传粉媒介（如蜜蜂）示意要瞄准中心部位，通常稍微较亮：那里是花朵后方伸出的一个花蜜瓣所含的花蜜的源头。昆虫通过伸出口器在其中吸食，额头上会留下一些花粉颗粒，然后可能会将其转移到其他花朵上。

但是香堇菜的花朵很"低调"，有时甚至过于"低调"，特别是在春天，许多其他种类的花朵都在争夺昆虫的注意力，香堇菜却显得有些"内向"。因此，香堇菜很有可能错过传粉的机会，从而无法确保物种的延续。但是这些小花并没有放弃，虽然异花传粉是首选，但香堇菜往往不完全依赖昆虫。人们常说"自己的事情自己做"，所以在春末，香堇菜会开出一些奇怪的花朵：隐藏的花！所有的花器官都在其中：萼片、花瓣、雄蕊和雌蕊。只是我们什么都看

学名
香堇菜（*Viola odorata*）
科
堇菜科
生境
草地、路边、篱笆、花园
观察地点
它们可以被种植在花园中。在图卢兹或列日，你可以品尝到香堇菜做成的蜜饯或糖果。在法国图卢兹市的温室中有香堇菜保护区。
花期
2月至5月，有时也会在8月至10月间开花

49

传粉策略

　　有些花朵依赖传粉者如蜜蜂进行传粉和受精，而在季末，有些花朵永远不会开放，尽管花粉和雌蕊已经成熟，它们仍然保持在花蕾的状态。受精过程发生在花蕾内部。

不见，花蕾还是绿色的，将生殖器官包裹在内。这些伪花会成熟，花粉颗粒成熟后会直接沉积在相邻的雌蕊上。所有这一切都是秘密进行的，它们被珍藏起来，远离昆虫。这就是所谓的闭花传粉（来自希腊语 kleistos，意为"闭合"，以及 gamos，意为"交配"）。自花传粉的好处是无须生产昂贵的花蜜，也无须制造大量的花粉。缺点是，从长远来看，自花授粉无法实现基因的混合，容易产生固定群体中的有害突变。

　　对于香堇菜来说，一切都需要好好权衡。虽然其他花朵也在强势吸引传粉媒介，但如果它也能成功吸引传粉媒介的注意，就可能发生异交授粉。不过为了安全起见，香堇菜种子的生产无论如何都是由伪装起来的小花来完成的。

　　但是，这种种子繁殖并不是香堇菜主要的繁殖策略。这种植物，就像草莓一样，可以利用匍匐茎的方式进行克隆繁殖（被称为无性繁殖）：从一个香堇菜株的一侧延伸出茎，然后在几厘米远的地方生根。

　　这种繁殖的便利性使得一些堇菜科物种，如香堇菜，易于栽培和利用。它们独特的香味长期以来一直伴随着人们，无论是罗马人发现了它们的催情和药用特性，还是图卢兹人因为其美味而喜爱。事实上，19 世纪时，图卢兹地区的许多园艺工种植香堇菜，几乎全年供应花束，甚至销往俄罗斯。此外，人们还可从香堇菜中提取糖浆和酒精。最重要的是，3 月采摘的鲜花还能被加工成美味的甜点。如今，以香堇菜为特色的甜点使得图卢兹享誉全球。

　　在美国，还有其他香堇菜物种被种植，用于给糖果调味，如棉花糖。这些棉花糖在英国儿童文学作家罗尔德·达尔创作的《查理和巧克力工厂》（*Charlie and the chocolate Factory*）的糖果列表中也有出现。

勿忘草

我们不会忘记它

这些小花常常是蓝色和黄色，谦逊而平凡。它们无论是在河岸、森林、草地还是花园中，都会静静地点缀着地面。

作为伟大的传粉策略家，勿忘草是视觉传达的王者，它们把一切希望都寄托在自己那对比鲜明的颜色上，以吸引或排斥传粉者。蜜蜂、大黄蜂、苍蝇或其他双翅目昆虫都是勿忘草的常见访客，它们前来享用花蜜，或者从花冠的五瓣花瓣基部取一点花粉，这五个花瓣粘在一起。花粉环的中心有一个小孔，传粉者通过它获取花蜜，同时也会将花粉撒在雌蕊上。这个黄色的花蜜圈就像一个靶子，昆虫必须准确地飞进去才能够着它。

这对传粉者来说并不总是有效的，只有在花朵成熟但尚未受精时飞进去才会获得花蜜。对勿忘草来说，产生超过实际所需数量的花蜜并不符合其利益，尤其是当雌蕊或雄蕊尚未成熟时。而且一旦受精完成，就没有必要与蜜蜂打交道了。对于传粉者来说，去探索一个未成熟的花朵或已经受精的花朵并没有太大的意义。

因此，勿忘草作为花园中的"印象派画家"，建立了一种代码。这是一个有效的视觉代码，利用了它最好的颜色。一朵成熟并产生花蜜的花朵是蓝色的，其中心有黄色的花粉。而未成熟的花朵，即尚未产生花蜜的花朵，则拥有粉红色的花瓣和带有已经变黄的花粉。从粉红色到蓝色的色彩转变可能是由于花瓣的 pH 值：未成熟的花朵具有相对酸性的花瓣（带有粉红色），而成熟的

学名
勿忘草（*Myosotis* sp.）
科
紫草科
生境
山坡、林下、路边、草地
观察地点
在花园中我们可以观察到许多种类的有观赏价值的勿忘草
花期
4 月至 6 月

传粉策略

当有花蜜时，花朵呈蓝色，花蕊周围形成一个黄色的花粉环。在花蜜尚未形成时，花朵还未成熟，花瓣呈粉红色。当花蜜已被吸食后，花瓣会变为蓝色，而花粉环则变为白色。因此，传粉媒介可以通过花朵的颜色判断是否有食物可以获取！

花瓣则更为碱性（蓝色）。当花朵进入衰退阶段，失去了花粉且不再产生花蜜（因为已经受精），花瓣仍然是蓝色的，但花粉的领结变得更加苍白，倾向于白色。

因此，传粉者只需仔细观察并记住简单而有效的颜色！当我们靠近一片勿忘草的花坛时，仔细观察，我们会发现它起的作用：被主要光顾的花朵是蓝色的，有着明亮的黄色花粉环！其实，蜜蜂和大黄蜂能够迅速学会将形状、颜色或气味与奖励关联起来，并在长时间内保持这种判断力，直到所有勿忘草的花粉环都变成了白色。在整个花期内保持对一种花卉的"忠诚"是许多传粉者的认知能力的一部分，这被称为花朵恒定性。

然而，我们可能会问为什么勿忘草花会将已受精的花朵保持在原处这么长时间。这是一种"广告"，朋友，"广告"！它不惜一切代价让自己在尽可能远的距离被看见！实际上，为吸引昆虫到自己物种的竞争中，它们做得越多越好！一大群花朵肯定比一两朵孤立的花朵更吸引膜翅目昆虫的复杂视觉。一些膜翅目昆虫对颜色有很好的视觉敏感度，特别是对蓝色和粉红色有特殊敏锐度，使它们能够清楚地区分在人类眼中可能非常相似的颜色。然而，在距离一组花超过 50 厘米的情况下，它们就无法进行区分。因此，在勿忘草中存在两个视觉信号：从远处，需要吸引昆虫，因此所有的花朵都重要，而且无论如何，蜜蜂或大黄蜂在这个距离上无法区分已受精的花和未受精的花，所以它们会靠近。从近处来看，带有白色花粉环的花朵不再有用，只有蓝色的花朵和黄色的花粉环才会被访问，这样一来就手到擒来了！

右页图自上而下：

● 这种勿忘草的花序包括成熟的花朵，以及一些已经失去花蜜和花粉的花朵：通常为黄色的花冠已经变成了白色。

● 流行英国的小诗《勿忘我》出版于 20 世纪初。

● 玛丽·沃尔科特（Mary Vaux Walcott）绘制的《勿忘草》，1907 年。

在荒地和草地里

荨麻

突然的喷涌

有一种植物，它令人不安、刺痛、痒痒。有人说："它能促进血液循环！"但是，不必了，谢谢。

实际上，它的学名是荨麻（Urtica），它有一种防御机制：它的叶片表面有小毛刺，一旦接触到其他表面，例如人的皮肤，这些小毛刺就会散开，变成像玻璃一样锋利的硅质碎片。此外，荨麻毛刺的根部会释放出一种有刺激性的混合物，包括甲酸和组胺。这样，植物就能抵御食草动物，而且只要荨麻感到受到攻击，它就能引发攻击者更强烈的刺痛，已经被食草动物啃食或被踩踏的荨麻茎会增加毛刺的数量。

因此，荨麻不会被忽视。它的整体外观并不一定适合观赏，然而它的传粉过程非常有趣。我们看不到任何引人注目的花朵，也没有气味，但是我们可以看到一串串微小的花朵，就像一些树木的花朵一样。事实上，就像榛树一样，荨麻的花朵也很小，无气味，呈绿色，组成了在风中舞动的花序：它们通过风进行传粉！它们是风媒花。

如果我们仔细观察，可以发现某些荨麻植株具有相同的花序，而其他植株则有不同的花序。如果我们靠近一点（要注意避免被刺痛），我们可以注意到其中一些微小的花朵会产生花粉，还

学名
荨麻（*Urtica dioica*）
科
荨麻科
生境
平原、荒地、城市环境、花园
观察地点
荨麻非常常见，几乎到处都可以看得到。
花期
6月至9月

57

传粉策略

 荨麻的传粉完全依赖风。在荨麻中，有的植株只有雄花，有的植株只有雌花，以避免同一植株的花粉落在自己的柱头上。雄花一旦干燥，会迅速将花粉通过风散布到离植株几米远的地方。

有一些花朵具有雌蕊。观察荨麻花需要对它有一些了解。因此，可能有些植株开的花是雄性花，而另一些植株开的花是雌性花。这些非两性花的植物被称为雌雄异株植物，我们从这个物种的名称可以想到这一点——*Urtica dioica*（*Urtia* 源自拉丁语，强调了植物上的刺，dioic 为希腊语中"两个房子"的意思，强调了雌雄异株）。

毫无疑问，荨麻的花朵要么属于一性（具有雄性花的雄蕊），要么属于另一性（具有雌性花的雌蕊）。而且，在同一花序（或花穗）上只能找到一种类型的花朵。

在极少数情况下，荨麻可能在同一株上同时拥有雄性花和雌性花——但它仍然不是两性花。因此，荨麻为单性花植物。

雄性植株不一定紧挨着雌性植株，通常情况下，雄性花可能会出现在距离雌性花较远的地方。一阵强风可以帮助花粉在荨麻丛之间传播，但风力并不总是很强，因此任何帮助花粉从雄性花传到更远处的手段都是受欢迎的。

正好，荨麻有一个绝妙的传粉神器——花粉弹射器。在开花初期，雄性花拥有卷曲的雄蕊，紧密保护着花粉。随着花粉成熟，花粉开始变干燥，当完全成熟时，在阳光的作用下，花粉囊壁的细胞收缩，产生张力。不到一秒的时间，它们会将所有花粉颗粒一起喷射成一团粉尘，迅速被风吹走。雄性花产生了大量的花粉，其中一些花粉颗粒肯定会到达雌性花，实现交叉繁殖，而有些花粉颗粒可能最终会进入人们的鼻腔，导致花粉过敏！

♂

♀

蜂兰

睡美人

这是 5 月的一个长周末。在吃得很饱之后，你决定在佩里戈尔德绿色地区的小径上散步，或者在其他石灰岩高原上呼吸新鲜空气。如果你稍微留心，让目光漫游在路边的土坡上，你有可能会发现它。

起初，你可能会以为是一只蜜蜂安静地停在某根禾草的顶端，沉思着它的生活和被杀虫剂危害的同类的命运。然后，当你好奇地走近这只蜜蜂，或者大黄蜂，你本以为会嗡嗡飞走的昆虫，竟然一动不动……很奇怪。它之所以不动，是因为它不是蜜蜂，而是一朵花。它是一朵蜂兰，法国乡村中众多兰花品种之一。

如果你被愚弄了，不要担心，你不是唯一一个！一只蜜蜂的雄蜂，可能也在灌木丛中四处张望，误以为它是一只雌蜂。它注意到这个镇静地栖息在这个田园风光中的昆虫的突出腹部，也会好奇地靠近过去，这并不奇怪。

这就是整个传粉策略所在。蜂兰有一片非常奇特的花瓣：它的下唇瓣，也称为唇舌，肥大而饱满，看起来像一只蜜蜂的腹部。它甚至模仿了蜜蜂的颜色！

这可能会让你惊讶得扬起眉毛！好吧，你

学名
蜂兰（*Ophrys apifera*）
科
兰科
生境
草地、道路边缘、篱笆
观察地点
蜂兰相对较少见，可在乡村漫步、森林边缘观察看到，例如在法国中央高原地区
花期
4 月至 7 月

传粉策略

这朵花看起来像一只黑色多毛的蜜蜂身体，并散发出与雌性蜜蜂相似的气味。它吸引着寻找交配对象的雄性蜜蜂。当它们参与这种伪交配时，雄蜜蜂身上会粘满花粉，它们会将花粉传播到下一朵花上。

要知道，是的，蜂兰（*ophrys apifera*，*ophrys* 在希腊语中意为"眉毛"，因为除了肥大外，这片唇舌还长满了毛，更好地模仿昆虫的身体；*apifera* 源自拉丁语 *apis*，意为蜜蜂）的繁殖传粉策略是利用雄蜂对雌蜂的追逐。

蜂兰竭尽全力欺骗那些稍有分神的雄蜂。这涉及形状和颜色的吸引，但也涉及气味，特别是所谓的信息素。这些化学刺激物模仿雌蜜蜂的性信息素，被兰花释放到空气中，并被路过的雄性蜜蜂的触角捕捉到。

经过装饰和香气的包装，这朵花在雄蜂的眼中和触角中，看起来像是一只安静地沉睡在茎上的雌蜂。

独居的野生蜜蜂会被这个伎俩所迷惑。其中一种似乎最容易上钩的是长触角蜜蜂。雄性长触角蜜蜂试图与它所认为的同类交配。在伪交配的过程中，它最终会撞击到花瓣上部。恰好在那里，两团花粉被巧妙地放置，它们被称为传粉团。当传粉团接触蜜蜂的头部时，它们会离开花朵并附着在访客的毛发上。它们涂有一种胶水，一旦接触到蜜蜂，就会立即硬化，像第二对触角一样黏附在蜜蜂的前额上。"交配"完成后，雄蜜蜂会离开，稍微飞行一段距离，再次闻到诱人的气味，然后突然转向，寻找另一个片刻的"情人"。它匆忙飞过，速度将花粉粘在被风压贴着的绒毛上，直到接触到它的新"恋人"。在"交配"过程中，蜜蜂会用头顶撞击新花朵的顶部，那里有传粉团，也有花柱。花粉从蜜蜂的毛发上脱落并沉积在花柱上。然后，故事就写定了：花粉颗粒受到卵细胞释放的化学信号的吸引，进入卵细胞，并使植物受精。

在这些可怜的蜜蜂毫不知情的情况下，蜂兰成功完成了它的传粉过程。

右页图自上而下：

- 在草地上、路边和树篱上，都能看到粉色的蜂兰。
- 蜂兰的植物学插图，20世纪。
- 蜂兰的下唇瓣模仿了雌蜂的外观，甚至包括毛发。

牛蒡

迷人的吸引者

牛蒡是一种在亚洲和欧洲大陆非常常见的植物。它可以长到近两米高，具有类似大黄的大叶子。在中国，人们食用它的茎和根。它的花相当有特色，让人想起其他著名的花朵，比如蓟花。

事实上，这些生长在草地或河流旁的高大植物的顶部长着紫红色的小羽毛，像是从一个尖刺的芽中伸出的理发师的刷子。这种组织将牛蒡与蓟或柳兰联系在一起，后者的叶子比牛蒡的大叶子更坚硬，牛蒡的大叶子毛茸茸的，而且非常柔软。

有几种花的组织是相似的，既适用于牛蒡也适用于蓟，甚至适用于矢车菊。

我们所看到的牛蒡"花"，对于昆虫来说也是一朵花，实际上它是一个总状花序，一堆非常密集的小花紧密地挨在一起，是类似向日葵、蒲公英或雏菊的组织结构。没错，所有这些花都属于同一科——菊科！

相比之下，牛蒡花与向日葵的花不同，它没有外部的不育花，也没有托叶承载花瓣，而是一束由许多小花组成的花朵，相当于由六片细小的融合在一起的花瓣构成的长管。当这些

学名
牛蒡（*Arctium* sp.）
科
菊科
生境
荒地、草地、篱笆
观察地点
牛蒡非常常见，它总是分布于小树林或篱笆边缘。在冬季，可以通过其带刺的炸球来识别它。
花期
6月至8月

65

传粉策略

牛蒡的花朵是由大量的小花紧密排列在花序上形成的羽毛状结构。开花初期，花粉被收集在花柱基部，以增加与昆虫接触的面积，从而附着在昆虫身上。在花的发育过程中，雄花和雌花轮流发育，以避免自花授粉的发生。

花还未开放时，它们看起来像是长毛，就像之前提到的刷子上的毛。当花序还处于花蕾状态时，内部会形成一个巧妙的系统：花粉由雄蕊携带，形成一个包裹在花柱周围的套管中，已经成熟。花柱在花粉团中生长，它会粘上花粉，当花朵开放时，就会呈现出一个长而白色的花柱，顶端分化为三个分离的柱头，基部有一丛含有粉红色花粉的毛团。在下方，仍然残留着一个紫黑色的花粉套管。这是菊科植物中相当常见的一种机制，就像向日葵一样，在风铃草中也可以看到这种现象，这称为花粉的次要展示方式。

为了避免交叉授粉，花朵最开始是雄性的。几天后，柱头开始可以接受花粉，花朵成为雌性。在花朵的深处，蜜腺产生花蜜，令大黄蜂、蝴蝶和各种昆虫兴奋不已。它们在花朵之间流连，无意中粘上了花粉，然后将其传递给更年长的能接受这些花粉的花朵，从而实现交叉授粉！这样不断地传播花粉，交叉授粉就会延续下去！

有一种小型的苍蝇——牛蒡蝇似乎对此感兴趣，这种小苍蝇会来吸食一些花蜜，它们同时也会帮助传播花粉，但它们被花朵吸引主要是因为花序，雌性牛蒡蝇会在那里产卵。它的幼虫将以发育中的种子为食。

牛蒡的花朵不仅具有柔软的绒毛，还被一道尖锐的屏障所环绕：数百个连在一起的苞片（通常位于花朵底部的叶子）形成了花朵尖锐的基部。每个苞片末端都有一个长钩，当冬天来临时，花朵凋谢并且种子准备好散布时，苞片的钩子可以附着在经过的大型哺乳动物的毛发上：狗的毛发、马尾巴的长鬃毛、孩子的头发……这种强大的附着力启发了人类的灵感，发明了魔术贴。

再后两页：
● 在麦田旁生长的牛蒡

黑种草

自己为自己服务

黑种草（学名：*Nigella damascena*）被广大园艺师所熟知，是因为其蓝色、白色或粉色的花朵。这些花朵由许多星状花瓣组成，围绕着花冠中心的长柱头形成一个圆圈。在中东和亚洲，人们常把黑种草的种子作为香料使用（也称黑孜然）。与此同时，还有另一种叫作田野黑种草（学名：*Nigella arvensis*）的黑种草，经常能在农田中见到。

黑种草的花主要依靠蜜蜂、大黄蜂和其他昆虫传粉者光顾和授粉。然而，如果没有昆虫的光临，它们也具备自我传粉的能力。昆虫被邀请来吸食花蜜，同时也会被花粉黏附。

虽然这种花相对低调，但它们通过其独特的形状、蓝色的花瓣和众多的雄蕊，在大自然中还是能够脱颖而出。昆虫被邀请前来享用花蜜，并同时粘上花粉，这种现象在花朵需要昆虫传粉时非常常见。然而，要找到花蜜并不容易！因为它经常隐藏在花朵深处，以避开那些不参与传粉的吸食者。当花蜜被隐藏起来时，如何找到它？还有什么比花蜜更像花蜜呢？研究人员已经发现，为了引导蜜蜂寻找花蜜，黑种草的花朵在基部拥有伪蜜腺，这些伪蜜腺是

学名
黑种草（*Nigella damascena*）
科
毛茛科
生长环境
荒地、岩石堆、农田
观察地点
在中东地区的花园里或田间都能看到这种草。
花期
6月至8月

71

传粉策略

在花朵快要凋谢时，如果还没有传粉者光顾，花朵的柱头会延长直至触碰到雄蕊，并寻找花粉进行自我授粉。因此，无论如何，黑种草都会产生种子，只是通过自花授粉产生的种子质量较差。

两个明亮的突起，甚至会发出紫外线，对于膜翅目昆虫来说非常显眼。

在花朵初开时，花粉已经成熟，可以黏附在昆虫的背部，而柱头还没有成熟。当蜜蜂吸食花蜜时，它的背部或头部会粘满花粉。然后，它会继续前往下一朵黑种草花朵，在伪蜜腺的引导下找到真正的花蜜，并在花蜜较为成熟的花朵上将花粉传到柱头上，实现异花授粉。但是有时候蜜蜂的数量不够多，夏末来临，仍没有动物将花粉传递到黑种草的柱头上。但不用担心，即使不是最理想的情况，黑种草也可以自己为自己服务，进行自花授粉。随着时间的推移，位于花中心的众多柱头会变得越来越长，弯曲，直到几乎触碰到雄蕊！再经过几天的努力，柱头在整个夏季的生长过程中延伸，并与同一花朵的雄蕊物理接触。自花授粉随之而来。这样一来，无法吸引蜜蜂的黑种草仍然能够产生种子。但一般情况下，长期自花授粉的效果要差得多，自花授粉的黑种草花朵产生的种子数量较少，而且这些种子的花朵有很大的可能性发生退化。话虽如此，但这肯定比没有后代要好。

右页图自上而下：

- 黑种草研究，埃米尔·加勒（工作室），无日期。
- 精致的黑种草拥有许多雄蕊和绿色的柱头，与叶子十分相似。
- 这种黑种草的柱头会延长，以与花粉相遇。

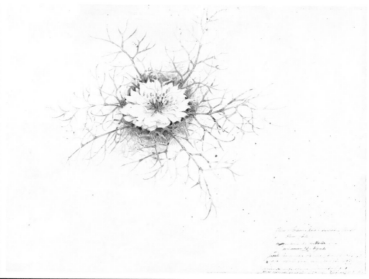

野生胡萝卜

开放式酒吧

每个人都熟悉胡萝卜，吃这种橙色的蔬菜，据说可以让人变得友善，或者可以预防近视。就像所有栽培植物一样，我们市场上的胡萝卜来自人类对于野生植物的选择。在人类主导地球数千年的时间里，我们选择品种进行杂交，把感兴趣的植物种子保存下来重新种植，以获得大且多汁的根茎。这就是所谓的驯化过程。

野生胡萝卜的花仍然存在于田野、草地和路边。我们可以轻易地观察到它们的大型花序，像白色的伞从丛生的细长叶子中伸出。再凑近一些，我们可以看到它们细致的构造，小而精致的白色花朵排列成大小不同的圆圈，形成了像蕾丝制品一样的平面。这些小花的组合被称为伞形花序，是一大类花的主要特征，这类植物为伞形科（或伞形花科）植物。在这个科中，还有茴香、日本独活和当归等植物。

野生胡萝卜的花序由许多白色小花组成，通常在中心还有紫色或黑色的花朵。这些平坦的花序向四面八方展开，尤其对飞行或攀爬的昆虫展开！在视觉上，我们从远处就很容易发

学名
胡萝卜（*Daucus carota*）
科
伞形科
生境
牧场、土堤、荒地
观察地点
野生胡萝卜非常常见，无论在乡村还是城市，散步时都很容易找到。胡萝卜被人们广泛种植，是园艺师们熟知的蔬菜；在法国昂热（Angers）有专门的保护区。
花期
5月至10月

75

传粉策略

胡萝卜的花朵都很小，聚集在被称为花伞的广阔平台上，为昆虫提供着陆的场所。胡萝卜的花序中间有一朵黑色的花，可能让人联想到一只停在上面的昆虫，这可以吸引其他昆虫的注意。胡萝卜的传粉策略是"广撒网"，对许多种昆虫敞开大门。

现这些聚集在一起的花朵，显示着食物就在这里。尤为重要的是，昆虫们可以轻松降落其中，不管它们看起来如何，伞形花的结构并不像看起来那样娇嫩，就像公共直升机停机坪一样，可以让相对熟练的飞行者以不同程度的优雅降落在上面。

为了更容易吸引昆虫，花朵中心的暗色也能起作用：对于远处视野较弱的甲虫等昆虫来说，花朵中心的暗色区可能意味着其他昆虫正在进食。传粉者通常通过模仿行为来觅食，如果它们看到其他昆虫在花朵上，它们也会停在那里，因为它们会认为，如果已经有昆虫品尝过了，那里的食物一定很好！

一旦落在花朵上，各种各样的昆虫（我们这里指的是许多不同的物种，从啃食花朵、吸食花蜜的甲虫，到更擅长飞行的大黄蜂，以及苍蝇、小飞虫和蝴蝶）尽情享用并摄取花蜜和花粉。花序中既有两性花（同时具有雄蕊和雌蕊，主要位于中心区域），也有雄花（仅有雄蕊，主要位于外围）。两性花首先是雄性，雄蕊成熟时雌蕊尚未成熟，然后花会变为雌性，雄蕊不再有花粉，而雌蕊开始变得容易受精。这样可以避免自花授粉。

总的来说，同一植物上的多个花序的花朵不会同时成熟，这导致在某一时刻，花序要么主要是雄性的，要么主要是雌性的。在整个花序的开花过程中，雌性阶段和雄性阶段交替出现，从整体上保证了尽可能多的小花进行交叉受精。

风铃草

独立的小钟

它们是蓝色或紫色的小钟，在春天悄悄地绽放在道路、土堤和草地上。

经过人们的栽培和选育，许多花朵更大的风铃草品种出现在花园中。它们仍保持着风铃草的特点，它们的名称源自古法语，意为小钟。这种钟形花是由五瓣在基部相连的花瓣构成的，它们在末端展开成五个尖端。风铃草花瓣朝向地面，保护了繁殖器官，尤其是花粉，免受恶劣天气的影响。在美丽绽放的钟形花准备迎接渴望花蜜或花粉的蜜蜂或大黄蜂之前，风铃草花朵保持蓓蕾状的时间通常比其他花朵的时间长得多。这个蓓蕾呈现橄榄球的形状，而且持续的时间非常长，这让我们觉得其中可能有一些变化正在酝酿。

当一朵花还只是一个蓓蕾时，在绝大多数情况下，它仍不成熟：它的雄蕊未完全形成，子房不具功能，花蜜尚未产生，花瓣的颜色通常还不饱满。但是，对于风铃草，当我们观察一个蓓蕾时，我们会注意到一个奇特的现象：正在生长中的雌蕊（由柱头和不具有受精能力的柱面组成）会穿过花朵中心已经成熟的雄蕊群。通过这种方式，花柱的全身都粘满了花粉，

学名
风铃草（*Campanula* sp.）
科
风铃草科
环境
荒地、草地、田埂
观察地点
在花园中可以观察到各种人工培育的品种，有些品种较小且覆盖地面，如长在墙上的风铃草或花园中的风铃草，还有一些品种有大花朵，如韩国风铃草或长叶风铃草。
开花时间
5月至7月

传粉策略

风铃草的钟状花朵具有星状花柱。当花柱成熟时，它会与进入花朵的昆虫接触。如果昆虫携带花粉，花粉就会沉积在花柱上，从而进行受精。如果没有昆虫经过，在花朵凋谢时，花柱会变大并向内弯曲，直到接触自身的花粉并进行自我受精。

这些花粉附着在花柱边缘的微观绒毛上。当花朵开放时，花柱尚未完全具备功能，但它已经起到向经过的任何传粉者展示充满花粉的"袖口"的作用。而雄蕊则悬垂在钟花的底部，基本没有花粉。这种现象被称为花粉的二级呈现。在这种配置下，风铃草开放初期的花是雄性的，它们只提供花粉给传粉者。

几个小时后，花朵开始老化，花柱开始活动：在柱头的顶端，有三个分支脱离并弯曲成90度，朝着三个不同的方向，很快形成三个与花瓣垂直的横杆。如此，柱头分成三个部分，形成一种阻碍新的传粉者进入花朵底部的屏障。

尽管昆虫可以展示出灵活的飞行技巧，但仍然很有可能撞到三个花柱杆中的一个。如果它之前拜访过一朵更年轻的花朵，昆虫可能会粘上花粉，然后花柱会收集这些花粉，从而确保交叉授粉。然而，也有可能没有昆虫来拜访花朵。时间流逝，生物钟滴答作响，没有昆虫带来花粉给风铃草授粉。也许需要找到一个解决办法！看，花柱的基部仍然有花粉。是的，就是在花朵还是蓓蕾时被涂抹在花柱上的花粉！我们是否可以试着去取回它呢？当然，外来的花粉会更好，但在花朵凋谢期间很少可能会有外来的花粉，那么就只能自花授粉啦。

这时，已经展开成三个横杆的花柱重新展开。它们开始沿着花柱缠绕，直到接触到一粒花粉。花粉使花柱受精，风铃草就这样完成了自花授粉。请注意，这是一种特殊情况：自花授粉产生的果实较少，所得到的植物也较为弱势。

右页图自上而下：
- 风铃草花朵的钟状形态有助于保护其生殖器官免受恶劣天气的影响。
- 花柱在成熟时分裂成三部分，然后在花期结束时向内卷曲。
- 风铃草的植物学插图，1895年。

3. Jasione
montana.

2 b

3 c

3

a

2. Phyteuma spicatum.

a

2

1.

1. Campanula rotundifolia.

蝇子草

随风而倒

从森林边缘到海岸的悬崖，再到我们的花园，蝇子草广泛分布在不同的环境中。它们利用不同类型的方式进行传粉，始终都涉及昆虫；它们共同的特点是花的基部有一个突起，由花萼（所有萼片的总称）融合形成。正是这个突起使它们被称为"silène"，这个名字来源于希腊罗马文化中的一位半人半兽的神话人物，从文艺复兴时期被用来形容好酒贪欢的人。在神话中，西勒努斯（Silène）是古希腊酒神狄俄尼索斯的养父，可以说是他的导师，但他更重要的角色是传授给他喝酒艺术的人！在古代的文献中，西勒努斯被描述为一个有着浓密的胡须、红鼻子和红红的脸颊的人，他不经意地骑着一头驴穿过凡人的村庄，随意地拖着他那肥胖的身躯，他以他传奇的酗酒行为经历了一些冒险。他的肚子就像一个装满葡萄酒的皮囊，成为给我们那些也有着圆胖"腹部"的小花取名的灵感！

看起来，这个与所有蝇子草物种共同存在的解剖特征似乎是对抗传粉过程中的"罪犯"的防御因素：蜜蜂或木蜂这样的昆虫会毫不犹豫地入侵花朵的基部，以取得无法以其他方式到达的花蜜，因为它们的口器太短了，它们用

学名
蝇子草（*Silene* sp.）
科
石竹科
生境
路边、石堆、海边、林下
观察地点
乡村、城市或海边的散步途中。还有一些观赏性品种可在花园中见到。
开花时间
5 月至 7 月

传粉策略

为了保护自己免受大黄蜂（常常通过在花朵底部打洞来获得花蜜）的侵害，蝇子草具有连在一起形成的凸起萼片。这些花朵由细长的茎支撑，随风摇曳，用节奏吸引飞来采蜜的昆虫。这有助于与传粉媒介相遇。

颚部在基部打洞并吸取花蜜。因此，花朵无法再吸引其他传粉者，无法正常进行传粉。但在蝇子草中，情况完全不同：蜜蜂在花朵基部打洞后无法到达花蜜。因此，蝇子草的传粉主要是蝴蝶来完成，无论是白天还是夜晚：许多蝇子草具有白色花朵，在夜晚容易辨认，它们与忍冬一样，在一天结束时散发出甜美的香气，吸引夜间活动的蝴蝶和天蛾。

为了避免自花授粉，许多蝇子草物种为雌雄异株，即雄花和雌花分别生长在两个不同的植株上。

一种小型蝇子草引起了威尔士科学家的注意，因为它表现出一种特殊的行为，使其在传粉竞争中脱颖而出：这就是海滨蝇子草（*Silene maritima*）。他们发现风会使花朵按照特定的节奏摆动，这样可以吸引多种传粉昆虫。花朵由细小的茎（叶柄）承载，既不太短也不太长，在风中舞动，像挥舞的旗帜一样引导昆虫前来。当传粉昆虫停在花朵上时，这种不剧烈的运动并不影响昆虫的停留，它们既享受花蜜又吸食花粉，使花朵被动地在昆虫身上附着一些花粉颗粒。昆虫（如苍蝇）可以飞走，直到找到另一群在海风中舞动的白色花朵，接近并用其吸管吸取花蜜，同时将一些花粉颗粒放在另一朵海滨蝇子草的花朵上。

然而，研究人员发现，茎柄过短会限制花朵的运动，对传粉昆虫不够有吸引力；同样，茎柄过长也不有效，因为花朵的运动幅度太大，昆虫无法有效传粉。因此，在随着海风起舞时，小小的白色蝇子草就这样优化了自己的繁殖方式！

右页图自上而下：
- 蝇子草通过其膨胀的萼片来保护其花蜜，防止大黄蜂等采食者的侵害。
- 《醉酒的西勒诺斯》，安东尼·凡·戴克（Anthonis van Dyck），约 1620 年。
- 蝇子草的植物学插图，19 世纪。

郁金香

炽热之心

这朵花无疑是荷兰的象征，与自行车一起，它是荷兰的小皇后：明信片上总是印着郁金香盛开的田野，其中还有运河和风车。郁金香曾经一度成为一种投机商品，为许多园艺师和买家带来了巨大财富和损失：17世纪的郁金香狂热席卷了荷兰，郁金香鳞茎的价格一度飞涨，然后崩盘。

在这种投机狂热达到顶峰时，一个郁金香鳞茎的价格甚至超过了一个专门从事品种选育的雇员十年的薪水。然后价格跳水了——欧洲人对这种新的装饰植物的热情过去了。历史学家认为这一事件是最早的投机泡沫之一。当时最昂贵的品种是"永远的奥古斯都"（*Semper Augustus*），现在，它的价格相当于几只猪、羊和鸡的价值。

但不论是从前还是现在，人们对郁金香的热情都没有消退，因为它每年都在花园的花坛、花盆中绽放，并形成花束，这种大型春季花朵已经经过了数千次的选育和杂交，颜色引人注目。园艺郁金香是源自中东和欧洲中部的一些野生物种。

学名
郁金香（*Tulipa* sp.）
科
百合科
生境
开放地、中山草甸或草原，以及林下
观察地点
在所有花园里，春天的阳台上。许多国家的保护区致力于保护野生郁金香，比如布雷斯特的保护区。不可忽视的是位于荷兰的库肯霍夫花园，那是郁金香的国际之都。
开花时间
3月至5月

传粉策略

郁金香的花朵呈杯状，中心区域较其他部分颜色更深，温度也较高。

在这个较热的中心区域，吸引昆虫的是花蜜，特定的颜色也显示着花蜜的存在。

如果郁金香没有被昆虫传粉，它们可以进行自花授粉。

郁金香的大花对于传粉昆虫来说也非常显眼！在它的自然栖息地中生活的物种，例如阿让郁金香，是法国境内的少数野生物种之一，就表现出许多促进异花授粉的特征；但同时，如果等待携带花粉的昆虫到来时间过长，也会出现自交授粉的情况。

郁金香的花是大杯状的，中间有六片大的花被（即三片花萼和三片看起来相似的花瓣），花心上方有一个凸起的柱头，上面有一个分为三部分的柱头刺，周围有三个产生大量花粉的雄蕊，通常是黑色的。花朵构造简单，中心吸引各种各样的传粉者，从灵巧的大黄蜂或蜜蜂到较笨拙的甲虫。在花蕊的深处、雄蕊的后面，以及柱头下面，传粉者可以伸出口器寻找花蜜。这样做时，它们会粘满花粉，然后不自知地将花粉带到另一朵郁金香的柱头上，从而促进异花授粉。然而，如果在花期结束时没有其他传粉者将外部花粉带到柱头上，雄蕊会向中心折叠，将自己的花粉粘在花的柱头上，从而实现自花授粉：这是当运气不好时的较小的妥协！

然而，郁金香确实已经尽力使传粉者尽可能愉悦，它们懂得热情待客！首先，像其他一些花朵（例如牵牛花）一样，郁金香在白天开放，夜晚闭合，花瓣对热量敏感，在太阳最高的时候达到最大张开程度。其次，入射的阳光在花瓣杯的壁上反射，并像太阳炉一样加热花的中心。当花心颜色较深时，这种现象尤为明显。因此，花的中心会被加热，这对于从冬季中恢复的传粉者是十分有益的。

右页图自上而下：

- 郁金香的黑色心蕊通过其特殊的花冠形状保持着热量。
- 一只小膜翅目昆虫采集郁金香花粉。
- 《花瓶中的郁金香》，让·菲利普·范·蒂伦（Jan Philip van Thielen），17世纪。

接下来的双页：

- 荷兰郁金香种植田的鸟瞰图。

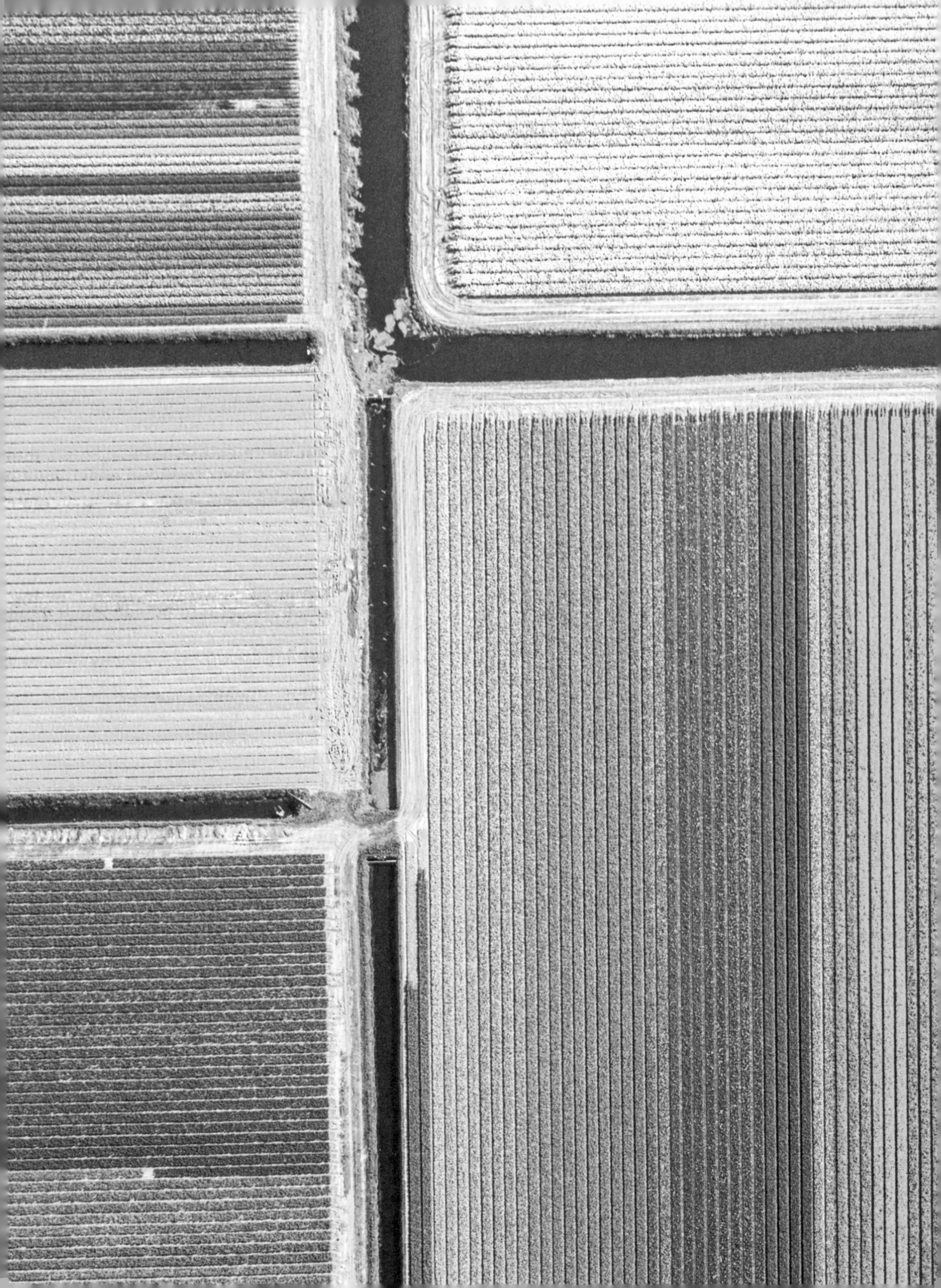

在灌木丛和森林的边缘

忍冬

夜晚的温柔

它在傍晚开始变得引人注目，尤其是香气四溢！忍冬是在夜晚开花，它的花朵倾向于享受夜晚的乐趣，以尽可能多地吸引路过的天蛾和其他夜间蝶类。

忍冬的名字来自拉丁语 *caprifolium*，意为"叶子"（或因转喻而成的藤蔓）像山羊一样攀爬。事实上，忍冬确实具有攀爬的习性，它的藤蔓伸展在森林边缘或花园中，不断生长，春季开花。在树林中生长的忍冬非常顽强，从同一个根茎长出大量的藤蔓相互交织，形成一张张杂乱的网，甚至可能扼杀它依附的年轻树苗。这些藤蔓通过盘绕（被称为攀援藤蔓）附着在支撑物上（墙壁、茎、树木、柱子……），而且在自然界中相当罕见的是，这个物种的所有个体都是向右旋转的。

在藤蔓的顶端，它试图脱离树篱和林缘，在春天绽放一簇簇白色的花朵。这些乳白色的花朵，在某些情况下略带粉红色，看起来似乎不太吸引人，因为它们没有鲜艳的颜色。这是夜间授粉的花朵的一个重要特征：白色能够在月光的微光下依然可见，它们与周围深色的叶子形成对比。

忍冬试图通过它的白色花朵以及特定时间释放的香气吸引一小群夜间昆虫。只有在傍晚时分，香气分子和花蜜才会被释放出来，这是大多数天蛾和夜间蝶类开始活动的时间。

人人都熟悉忍冬的珍贵而微妙的香气，在 5 月的晚上，当我们在一座封闭的花园前漫步时，

学名
忍冬（*Lonicera caprifolium*）
科
忍冬科
生境
树篱、森林边缘、灌木丛
观察地点
它不仅在花园中可以找到，还作为攀缘植物和有香味的植物，覆盖着墙壁和门廊。
开花期
6 月至 9 月

传粉策略

 这些花在夜晚变得非常香，以吸引在黄昏和夜间活动的昆虫。此外，白色使花朵在黑暗中可见。它在花的底部产生花蜜，花蜜位于一个深长的管道中，只有夜蛾的长吻能够进入并取食。

我们通常能够感受到那里是否悄悄地生长着一株美丽的忍冬。

这种香气并不是为了我们而存在，它的主要用途是吸引合适的传粉者在正确的时间进行异花授粉。然而，人类的贪婪使得人们想要收集这些芳香精华并将其封存在香水瓶中，但是忍冬并不配合，就像所有被认为"无香"花朵一样，在香水工业中似乎无法提取忍冬的芳香气味。它的芬芳只能在实验室中合成，香水中可能找到的忍冬香调是由石油化工工业创造的人造分子的组合。

忍冬的花蜜在长长的花管的最底部，迫使昆虫尽可能伸长它们的口器。因此，大黄蜂或路过的蜜蜂无法吃到渴望的花蜜，它们的口器太短了。尽管如此，我们仍然可以看到大型蜜蜂（如大黄蜂和木蜂）的"偷窃"行为，它们能够在花冠的基部钻孔以收集花蜜。这些"小骗子"其实并没有参与授粉的过程，因为它们既不接触雄蕊也不接触柱头。

回到被忍冬选定的昆虫，它们都拥有非常长的口器，并具备像蜂鸟一样悬停的能力。其中就包括红缘黑边天蛾（*Hemaris fuciformis*），其幼虫的寄主绝大部分是忍冬。当这种天蛾深入花朵寻找花蜜时，它的毛茸茸的身体会触碰到花蕊和柱头。因此，它的身体被花粉覆盖，黏附在它的绒毛上，直到掉落到另一朵花的柱头上。当然，要注意避免自花授粉！为了促进基因交流，忍冬避免自我授粉，这是自然界中非常常见的一种技术：柱头在几天前就成熟了，而当花的雄蕊成熟时，柱头已不再具有受精能力。这样一来，花粉就无法使自花的柱头受精。此外，红缘黑边天蛾是少数在白天活动的天蛾之一，它在傍晚时分前来采蜜。

正是在黄昏时分，红缘黑边天蛾在一簇簇香气四溢的花朵中寻找花蜜，为忍冬授粉。

玫瑰

流动的盛宴

玫瑰被誉为花园的女王，在花店中最畅销，也是情人节人们会买来表达爱意的花卉。人类对玫瑰情有独钟，以至于从最初的几个野生物种，创造出了成千上万种园艺杂交品种；它们的命名表示着向各种不同的人物致敬，如红衣主教（Richelieu）、斯塔尔夫人（Madame de Staël）、让·科克托（Jean Cocteau）、查尔斯·特雷内（Charles Trenet）、玛丽莲·梦露（Marilyn Monroe）、布丽吉特·巴尔（Brigitte Bardot）和纳尔逊·蒙福尔（Nelson Monfort）……

人们渴望拥有它们，以欣赏其美丽和感受精致的香气，却忘记了最初这些花朵并不是为他们而生的。玫瑰花的视觉信号和气味信号是面向昆虫传粉者的。玫瑰花，就像其他花朵一样，是一个生殖器官。

玫瑰花，尤其是在自然界中自然演化的品种，如野生石榴玫瑰（*Rosa canina*）或法国蔷薇（*Rosa gallica*），通过几个关键元素来吸引昆虫传粉者，以促进异花授粉。

首先，昆虫可以通过气味发现这些花朵。它们的香味在早晨更为浓郁，由数百种化学分子组成，能被蜜蜂或大黄蜂等昆虫的触角感知到。当它们朝着芬芳的灌木丛飞去时，玫瑰花开始出现在昆虫的复眼中。当靠近时，它们可以看到一个由五片花瓣构成的扩大杯状结构（如野生石榴玫瑰），或者数十片花瓣构成的一

学名
玫瑰（*Rosa* sp.）
科
蔷薇科
生境
树篱、路边、灌木丛
观察地点
无处不在！它是花园和花店的女王。法国有许多玫瑰园，其中著名的是位于拉伊莱罗斯（L'Haÿ-les-Roses）的玫瑰园。
花期
6月至11月

传粉策略

玫瑰花通过甜美的香气和大量花粉来吸引昆虫。由于经过多次选育，一些玫瑰品种产生的花粉量较少且难以获得，或者不再散发香气，这减少了它们对传粉昆虫的吸引力。

些杂交玫瑰。花朵的颜色（粉红色、红色、白色甚至黄色）与绿色的叶片形成鲜明对比。在花冠的中心，闪耀着数百根小黄毛——雄蕊，它们承载着花粉。花粉不仅是花朵的雄性生殖器官，还是昆虫传粉者的主要食物来源，与花蜜一起。玫瑰的花粉很丰富，对于蜜蜂来说再好不过了，因为在玫瑰花中，蜜蜂只能食用这个！玫瑰花不产生花蜜，所以要小心那些标有"玫瑰蜜"的蜜罐，它们都是伪造的。丰富的花粉吸引了蜜蜂和大黄蜂，它们将花粉收集起来，形成小颗粒固定在后腿的绒毛之间，然后带回蜂群喂养幼虫。同时，甲虫也会过量地食用花粉，甚至吃掉花瓣。然而，这些访客，无论是蜜蜂还是甲虫，几乎总是被花粉覆盖。当昆虫飞到同一品种的另一朵玫瑰花时，花粉就会接触到位于花柱顶端的柱头，此时昆虫带来的花粉会进入花柱，到达胚珠并发送一个精子，这样就实现了异花授粉。

右页图自上而下：
- 草莓山（Strawberry Hill）仿古玫瑰是英国培育出的一个玫瑰品种，散发出浓郁的芳香，拥有许多源自雄蕊的花瓣。昆虫很难在其中找到食物。
- 现代红玫瑰，作为人类之间爱情的消费象征，往往没有香气，也没有雄蕊，对传粉昆虫没有吸引力。
- 《高脚杯中的玫瑰》，亨利·方丹-拉图尔（Henri Fantin-Latour），1873年。

　　然而，由于人类对自然的垄断倾向，通过杂交和选择，人类改变了原始的野生玫瑰，创造出多达 30000 个不同的品种，以充分发挥玫瑰的观赏价值。在某些情况下，选择是通过加强自然发生的突变而进行的，其中雄蕊发育成花瓣，这产生了拥有众多花瓣的玫瑰（如"仙女的腿"玫瑰），雄蕊数量减少，进而减少了昆虫的食物供应。同样，现代品种通常没有香味：连续的选择使它们失去了参与芳香分子合成的基因。因此，现代玫瑰对人类来说可能很美，但玫瑰被剥夺了两个吸引昆虫传粉者的优势：香味和花粉。

红千层

见者有份

长着红色的长丝毛，使它看起来与众不同。它的刷子一样的外形使它被称为管花植物（或瓶刷植物）。这种原产于澳大利亚的灌木，与桉树（桃金娘科）属于同一家族，当我们仔细观察它的一朵"花"时，会发现每一束长毛实际上是一小束长长的红色雄蕊，有紫色或黄色花粉团，属于一朵没有花瓣的独特花朵。在雄蕊的羽毛中心是雌蕊，底部是重要的花蜜源。因此，一束管花植物相当于约一百朵小花沿着主干成套排列。

澳大利亚是一个充满了神奇动物的国家，这些动物在独特的环境中独立演化了数百万年。

红千层这种与众不同的管花植物也吸引了一些最令人惊讶的传粉者。这其中包括一种非常小的有袋动物，它爬上树后像一个走钢丝的杂技演员，在羽毛底部寻找平衡，它的前爪分开叶子并抓住雄蕊，而它的长尾巴则缠绕在树干上。这就是矮袋貂（*Cercartetus nanus*），通常被称为蜜鼠，它将尖尖的鼻子插入红千层的长丝毛中，身上的毛发被花粉覆盖。然后，它会用它的长舌头尽量舔食更多的花蜜和收集更多的花粉。它的牙齿像磨刀一样结合在一起，

学名
红千层（*Callistemon* sp.）
科
桃金娘科
生境
灌木丛、篱笆、稀疏森林
观察地点
原产于澳大利亚的红千层以不同颜色的不同栽培品种形式存在。在法国，一些品种在南部或沿海地区栽培，因那里不会结冰。
花期
3月至7月

传粉策略

　　这些花看起来像冲洗瓶，由许多长长的花蕊组成，能将花粉附着在许多令人惊奇的动物的皮毛上，比如进化成仅以花粉和花蜜为食的有袋动物、鸟类和蝙蝠。

　　这使得它能够用充满花粉的口器收集和咀嚼宝贵的花粉。蜜鼠只以花蜜和花粉为食，它们在夜间活动，并主要通过花朵的气味来找到它们。

　　在白天，通过其鲜艳的红色，红千层向许多食蜜鸟传递强烈的信号，而澳大利亚是食蜜鸟的天堂。在清晨，红千层树经常被一群欢快、吵闹且五彩斑斓的彩虹鹦鹉所包围，它们在前往其他树木之前尽可能多地抢食花蜜！最后，在黄昏时分，其他飞行生物会停在红千层上，以享受花粉和花蜜的美味，它们就是蝙蝠。它们是出色的传粉者，澳大利亚有许多种类的蝙蝠，其中一些翼展宽度可以达到 1.5 米。比如灰头果蝠，这是一种标志性的热带蝙蝠，有时会来享受红千层的花蜜。

　　所有这些非凡的传粉者，在深入花朵寻找花蜜时，无论是否自愿，它们的皮毛或羽毛都会被花粉覆盖。而这就是红千层的巧妙之处：花朵本身的结构，长长的雄蕊在与寻找花蜜的传粉者接触时会弯曲和散开，这是传递花粉最可靠的方式。红千层的工作方式有点像化妆刷，可以轻柔地将黄色或紫色的花粉涂在与其花朵接触的动物的皮毛或羽毛上。

　　在红千层的一个花序中存在大量的雄蕊，足以覆盖传粉者，尽管传粉动物会对身体进行相当频繁的清理，但它们永远无法清除所有花粉颗粒。因此，很可能其中一颗花粉会落在另一朵花上、另一棵树上，当蜜鼠享用另一顿盛宴时，它会接触到位于雄蕊中心的雌蕊，从而实现管花植物的异花授粉。

朱槿

无论向左还是向右

朱槿作为度假岛屿的象征性植物，与白沙滩、冲浪板和蜂鸟一起，散发着浓浓的异国情调！这是因为它的许多品种都来自热带地区。在这里我们主要讨论著名的夏威夷朱槿。

夏威夷朱槿既产自太平洋地区，也盛产于东南亚。据说它是从中国进口到欧洲的，所以被称为"中国玫瑰"，正如它的拉丁学名 *Hibiscus rosa-sinensis* 所示（*rosa* 意为玫瑰，*sinensis* 意为中国）。

这种朱槿是红色的，非常鲜艳。鲜红色的大花朵在周围深绿色的热带植物中显得十分突出。它们能从远处被看到！但是这种鲜艳的红色并不是对所有生物来说都是醒目的。昆虫，特别是蜜蜂，缺乏感知红色的视觉受体，很难将花朵与叶子区分开。但鸟类，特别是蜂鸟，对"中国玫瑰"的美丽非常敏感。此外，你可以把鼻子靠近朱槿花瓣的基部，但却闻不到任何香味。与主要由鸟类授粉的其他花朵一样，朱槿不浪费能量产生气味分子，因为鸟类的嗅觉非常有限。但是要注意！蜂鸟一定不能成为夜行鸟！朱槿的花朵在傍晚关闭，以保护花蜜和花粉免受夜间的食草动物采食。

为了确保异花授粉，在某些朱槿中，花粉不

学名
朱槿（*Hibiscus rosa-sinensis*）
科
锦葵科
生境
灌木丛、篱笆
观察地点
朱槿对寒冷天气敏感，可以种植在盆中或者适宜温暖气候的地方，如沿海地区。有些品种的朱槿更加耐寒，可作为篱笆绿植而广泛种植，比如叙利亚朱槿。
花期
3月至10月

传粉策略

朱槿花体积较大，呈红色，没有气味：它通常由鸟类传粉。在某些朱槿植物中，有些花的花柱朝右边，而有些花的花柱朝左边。从朝右边的花上收集的花粉只能沉积在朝左边的花柱上，这有利于异花授粉。

能落在同一株植物的柱头上，这是因为它们具有长长的花柱，上面承载着雄蕊和雌蕊，就像锦葵科植物一样（如蔷薇锦葵）。这条从花冠中伸出的茎由一根长长的花柱组成，周围环绕着球状的雄蕊，就像等待鸟类触摸它们而散开花粉的小绒球；在花柱的末端，也有四到五个球状的柱头。只需鸟类身上粘满花粉的身体接触到柱头，花朵就会受精。花朵如何首先将花粉与鸟类的身体接触，然后将花粉与柱头接触？而且，如何确保花粉来自另一株植物？

朱槿能生产丰富的花蜜，鸟类如蜂鸟非常喜欢。花蜜产生在花瓣基部的蜜腺中。蜂鸟将它长长的喙插入花的基部和中心，蜂鸟在原地徘徊时会与雄蕊接触。鸟类离开后，它会继续在稍远的地方啜食朱槿花蜜；它的身体会与雄蕊和柱头接触。花粉随后可以沉积在柱头上。比较复杂的是，朱槿花带有花粉套管的花柱并不具有相同的结构，端部含有柱头的部分会向左或向右旋转。这一点在对朱槿的研究中得到了很好的证实。

对于向左旋转的花朵，蜂鸟在寻找花蜜时只会被右侧的花粉覆盖：在蜂鸟向左飞行时，花柱阻止了它与左侧的花粉接触。而对于具有向右旋转花朵的灌木丛来说，情况则相反。因此，花粉沉积在柱头的对侧部分。蜂鸟可能在同一株植物上采食花朵，但花粉永远不会与柱头接触。当它拜访另一株植物时，已经沉积在蜂鸟右侧的花粉会直接与左侧的柱头接触，促进异花授粉。

右页图自上而下：

- 一只蜂鸟飞来采蜜，它停在一朵朱槿花上，朱槿花展示着它的雌蕊，但不允许花粉接触。

- 生殖器官的细节：毛茸茸的球状柱头和雄蕊。

- 朱槿花的不同开放阶段。

在森林深处

火烧兰

森林中的魔法师

我们已经观察到，兰花善于通过欺骗的手段来吸引各种昆虫为其进行异花传粉。有些兰花模仿雌性昆虫的外形，吸引雄性昆虫来寻求交配，例如蜂兰和锤形兰花；而有些兰花则利用精油来吸引雄性昆虫，如兜兰。然而，火烧兰另辟蹊径！这种小而不起眼的兰花在夏季盛开，一般生长在森林深处阴暗潮湿的环境中。在阳光被树冠遮挡的地方，很少能见到传粉昆虫。然而，在某个时间点，像普通黄蜂（*Vespula vulgaris*）这样的社会性黄蜂处于高活动状态，寻找适合幼虫食用的食物。这种黄蜂我们很熟悉，经常能在火腿或过熟的桃子附近见到它们，像是在野餐一样。

黄蜂幼虫喜欢吃肉，尤其是肥大而新鲜的毛毛虫。黄蜂工蜂负责整个蜂群的补给，它们明白这一点，重点任务就是寻找这种食物。至于火烧兰，经过漫长的进化过程后，通过基因突变和多次尝试，建立起与捕食毛毛虫的黄蜂之间的互利共生关系！兰花需要昆虫来传播花粉，黄蜂需要毛毛虫来喂养幼虫。是这样的，然后呢？

学名
火烧兰（*Epipactis helleborine*）
科
兰科
生境
草木丛生的林下，平原或山区（海拔高达 2000 米）
观察地点
夏季在森林散步时观察。尽管有时在花园中可以找到自然状态的火烧兰，但像所有兰花一样，它栽培起来非常复杂。
花期
6 月至 8 月

传粉策略

这些绿色和棕色的花朵不太显眼，但能释放出被毛毛虫侵袭后植物所产生的香气。寻找毛毛虫的黄蜂会循着气味飞到火烧兰的花朵上来捕食毛毛虫！

如果兰花能在花粉囊下方产生毛毛虫，那是最理想不过了！但想象一下，一株植物能产生昆虫的幼虫？虽然大自然给我们带来了许多惊喜，但这种假设太过荒谬。火烧兰并没有这样做，但它几乎做到了！它能够通过花朵释放出其他植物通常在叶子受到毛毛虫攻击时产生的气味！毛毛虫吃叶子确实会带来麻烦，然而，无法移动的植物仍然在寻找对抗攻击的方法。它采取了不同的传粉策略来抵御食草动物（这可能是另一个话题），其中之一就是产生特定的气味，吸引吃毛毛虫的昆虫捕食者来帮助自己！这就是所谓的自卫机制！

因此，兰花通过释放这种气味信号来吸引传粉媒介。花朵根本没有被毛毛虫攻击，但是通过假装被攻击，它吸引了黄蜂，因为这些黄蜂不惜一切代价要把毛毛虫带回巢中。

当黄蜂们到达所谓的"盛宴"源头时，他们只发现了一朵花，有花丝、花粉，还有花蜜！嗯，既然它们已经在现场，那么不妨稍微尝一点！兰花并不是那么残忍，尽管它欺骗了黄蜂，但它也提供了花蜜，而且它们慷慨无比！兰花供应给黄蜂的花蜜似乎让它们变得迷迷糊糊，使它们本来活跃的状态会变得迟钝、犹豫和笨拙。对于兰花来说，这是个好事；黄蜂会在花朵上多停留一段时间，在摇摇晃晃中，花粉囊（装满花粉颗粒的小球）会粘在它们的前额上，而它们则毫不知情地将其传到另一朵花的柱头上。这种特殊花蜜的秘密是什么呢？它含有一种强效的镇静剂——盐酸羟考酮，这是一种类似鸦片的物质，人类能合成它并用作药物，服用后非常容易上瘾！

臭铁筷子

冬日的温存

在寒冷的冬季，当整个大自然都停止活动时，一朵小小的林地花朵似乎抵抗住了寒冷。臭铁筷子自豪地展示着淡绿色的钟形花朵，它们呈束状，高约50厘米，从深绿色的裂叶中生长出来。在温带地区的森林中，这朵小小的臭铁筷子正处于盛花期，而其他花朵却很少见：这对臭铁筷子来说是一种机遇！大大减少了传粉的竞争。然而，在这个季节里，很少有昆虫还活跃着，蜜蜂待在温暖的蜂群里，许多独居的蜜蜂已经死去。

而大黄蜂（如地黄蜂）有能力通过震动来增加体温，并且它们也有浓密的绒毛：它们会在新蜂王越冬之前一直活跃到季节末。只要有一点阳光来温暖大地，年轻的蜂王能够在温度不超过5摄氏度时就早早地离开越冬地。因此，无论是在初冬还是深冬，大黄蜂都是臭铁筷子最理想的传粉者。因此，当积雪在苍翠树林中飘扬时，看到大黄蜂飞翔并不罕见，一片雪地中绽放出臭铁筷子的花朵也并不罕见，就像圣诞玫瑰一样。

如果我们仔细观察臭铁筷子的花朵，从外向内看，我们会发现五片萼片形成花萼，呈杏仁绿色，有时在末端呈红色；然后是大量的雄

学名
臭铁筷子（*Helleborus foetidus*）
科
毛茛科
生境
林下、灌木丛和岩石土壤，海拔可高达1800米。
观察地点
冬天的森林或花园，许多种类的臭铁筷子是园艺品种，可以在园艺店购买到。
花期
1月至4月

113

传粉策略

花朵在寒冬中开放，其花瓣变成了富含花蜜的角状结构，非常丰产。花蜜中含有酵母，可以使其中的糖发酵。这个发酵过程会产生热量，能吸引传粉者，特别是大黄蜂。

蕊围绕着 3~5 个雌蕊。但花瓣在哪里呢？在雄蕊和萼片之间搜索时，我们会找到非常特殊的蜜腺：花瓣已经改变形态，形成小小的丰饶角，供应大量花蜜。这是因为臭铁筷子"费尽心思"，尽管身材瘦小而羞怯，这朵垂下的花朵（这样可以保护她那丰盛的食物免受雨水和冰雹的袭击）想要满足那些能帮助其繁衍物种的少数传粉者，臭铁筷子提供大量的花粉和花蜜。就像任何一家高档的餐厅一样，和顾客的沟通永远是最关键的。当食物被抢光时，臭铁筷子会发出信号——萼片顶端会出现红色的边缘，就像一个禁止标志，表示这朵花已经没有什么可提供的了。

另一个提示是气味，就像一个好的乡村面包店一样，臭铁筷子有一种独特的机制，可以将挥发性气味物质最好地喷发到一个非常凉爽、不利于气味扩散的环境中。这是因为花蜜中含有高浓度的酵母，通过代谢糖分产生热量。这种热量有助于扩散气味的挥发性化合物，并将花朵中心的温度提高到比周围环境高2℃。因此，在冬季，这朵花的中心成了一个"五星级酒店"，因为除了提供丰盛的食物外，还提供温暖的用餐环境！蜜蜂可以在花朵中心享受微气候。研究表明，蜜蜂更喜欢温度较高、富含糖分和略带酒精味的花朵。通过产生热量，酵母启动发酵过程，就像啤酒或葡萄酒一样，消耗糖分并产生酒精。在这种三方共生关系中，即花朵、昆虫和酵母之间，一切都是平衡的。

右页图自上而下：

● 一只身披花粉的蜜蜂（*Apis mellifera*），来享用臭铁筷子的花蜜。

● 臭铁筷子由许多花瓣转化而成的花蜜腺组成，深绿色角状，位于花朵的中心。

● 臭铁筷子的植物学插图，20 世纪。

疆南星

献给气味热爱者

　　这种奇特的花朵有着向上伸展的大花瓣，环绕在高耸的花柱周围，十分引人注目。更令人惊奇的是它的传粉方式。当我们在湿润阴暗的森林中遇到一朵斑点状的疆南星时，我们完全无法忽视它那奇特的绿色喇叭状花鞘。花鞘中央傲然矗立着一个红色或黄色的花穗，呈棒状。仅凭外观，我们可能会以为花穗上有花粉，供过路的传粉昆虫使用，但实际情况并非如此。

　　实际上，为了真正了解这朵花，我们需要像往常一样，在花瓣，或者更准确地说，在花鞘下方进行搜寻。当我们展开花鞘，我们将看到花穗基部有四个明显分隔的区域。首先是数百个小白蕾，这些是雌性部分，成百上千的雌蕊从子房中伸出，经过受粉后将转变为果实。然后是一层朝下生长的长毛作为第一道屏障。紧接着是一圈雄蕊，成熟时会产生花粉。最后，在雄蕊上方还有一层长毛，形成第二道屏障。但是，到底是谁会深入这些花朵中进行授粉呢？值得注意的是，疆南星并不像其他花朵那样慷慨，它不产生花蜜！它其实没有什么可以提供的……

　　与许多兰科植物一样，疆南星巧妙地利用昆虫的生存需求来传播花粉。它依赖一些昆虫的繁殖本能，例如苍蝇和小飞虫。这些昆虫常在不太寻常的地方产卵，如动物粪便或腐肉（如在科西嘉岛和撒丁岛上的死马疆南星或死蝇

学名
意大利疆南星（*Arum italicum*）
科
疆南星科
生境
湿润和阴暗的林下
观察地点
野生疆南星可在森林中找到。在园艺店和花店中有许多装饰性品种可供选择。世界上最大的疆南星种类，巨型疆南星，偶尔可在不同的植物园中看到，比如布雷斯特和纽约。
花期
4月至6月

117

传粉策略

 花朵由一个环绕在棒状物周围的大花瓣组成，花瓣在花朵底部形成狭口。这些花朵通过散发强烈的气味吸引苍蝇，使它们误以为花朵是它们喜欢产卵的排泄物。苍蝇被困在花朵底部，当它们离开时，身上覆盖着花粉，并准备将花粉传递给另一朵疆南星，完成授粉过程。

疆南星）。因此，它们的目标可以说是相当特定的。至于疆南星的传粉机制则更加狡猾，它设下了陷阱，并通过细毛尽可能长时间地阻止昆虫，迫使它们采集或散布花粉。

如何吸引苍蝇进入疆南星设下的陷阱，让它们在粪便中产卵？最有效的方法通常是释放最具特征的气味。疆南星通过释放挥发性成分，散发出尿液、粪便或腐肉的气味来吸引苍蝇。为了更好地模拟真实环境并为困在其中的昆虫提供一个舒适的环境，疆南星能够在花轴的基部产生热量，造成与周围环境相比高达15℃的温差！这种热量的增加还有助于将气味传播得更远。在世界上最大的花朵之一——被称为泰坦巨花的疆南星中，花轴通过自热能够将气味散播到周围800米的范围内。

一旦被吸引到花苞的中心，苍蝇就会沿着花轴下降，穿过设计用于单向通过的第一层和第二层绒毛障碍。在开花初期，只有雌性部分是成熟的。之前曾访问过更老花朵并携带花粉的小飞虫能够将花粉沉积在花朵上，确保授粉的完成。小飞虫被困在基部，持续数小时甚至一整天。此时，雌性花朵完成了受粉的阶段，第一层绒毛障碍开始凋谢，通往成熟雄性部分的通道顺畅无阻。小飞虫粘满花粉后穿过第二层障碍物，该障碍物很快也凋谢。小飞虫无法产卵，无法进食，陷入困境。然而，这并不妨碍它们再次上当受骗，错误地认为某个腐肉上可以产卵，而它实际上是另一朵疆南星的花朵。当它们到达花朵底部并被绒毛阻挡，试图逃脱时，它们将花粉传递给这朵新的疆南星，从而参与异花授粉的过程。

再后两页是世界上最大的花朵，2018年在纽约植物园中开花的巨型疆南星

118

常春藤

冬季前的最后补给

常春藤经常攀附在树木或古老的墙壁上，成为人们对乡村别墅或古老庄园的集体想象中的一部分。古老的石头和攀爬的常春藤之间的联系甚至为美国东部的常春藤联盟的命名提供了灵感：该联盟包括八所著名的美国大学，这些大学的古老建筑上长满了常春藤，而古老往往象征着质量保证。

常春藤有着与众不同的生长方式，它生活在树木或其他植物的边缘。实际上，它主要生在夏末和秋季生长，这正是树木落叶的时候。因此，常春藤能够利用这些空隙，在秋天淡淡的阳光下茁壮成长。与此同时，常春藤的花朵在春夏季其他植物的花期过后很久才会出现，一般是在北半球的9月或10月开放。因此在常春藤所处的大多数生态系统中，它们是独一无二的花朵。一旦受粉，这些花就在寒冬中变成果实，成为留鸟和不冬眠的哺乳动物的重要食物来源。它也将承担起传播种子的任务。

常春藤的花并不是最引人注目的，可以说它们非常普通。然而，在花期高峰时，成群的蜜蜂、大黄蜂，以及一些蝴蝶和嗡嗡作响的苍蝇会在这些花朵之间愉快地飞舞。

学名
常春藤（*Hedera helix*）
科
五加科
生境
生长在树上、地面上、森林和篱笆上等
观察地点
在城市中非常常见，如墙上，也在园艺店出售，特别是一些装饰品种，如斑叶常春藤。
花期
9月底至10月

123

传粉策略

常春藤花朵都非常小，不太显眼，花瓣也很小。但它们聚集成球状，这使它们对昆虫更具吸引力。此外，在冬季临近时，它们会提供丰富的花蜜，因为此时在林下很少有开花植物。

让我们近距离观察一朵常春藤的花。它的花瓣非常小，呈淡绿色，相对不太显眼。在小花的中心，有一个被黑色物质包围的雌蕊，从中伸出五根雄蕊。可以说，它并不具备吸引力。然而，常春藤采取的第一个传粉策略是群体开花：花朵并不是孤立存在的，而是形成球状花序，囊括了数百朵花。因此，花球比单个花朵更容易引起注意。其次，常春藤采取的另一个传粉策略是在这个季节为饥饿的昆虫提供丰富的花蜜。

实际上，严寒的冬天临近，但仍有许多传粉媒介活跃，并更需要食物，因为天气更加寒冷！对于蜜蜂来说，常春藤通常是它们为蜂巢补充花蜜的最后机会，有了这些花蜜，它们可以在蜂巢中转化为蜂蜜，以度过冬季。由于常春藤能产生丰富的花蜜，它也成为蜜蜂的重要食物来源。此外，尽管常春藤产生的花蜜丰富且富含营养，但关心蜜蜂"福祉"的养蜂人一般不会销售常春藤蜂蜜：它会被留在蜂巢中，以帮助蜜蜂度过冬季。

右页图自上而下：
- 常春藤的花朵聚集成球状。
- 一只蜜蜂伸出口器吸取常春藤花朵中的花蜜。
- 由让－弗朗索瓦·蒂尔潘（Jean-François Turpin）于1830年在《药用植物志》中发表的植物插图。

常春藤花期在时间上的特殊性也让它成了一种边缘植物，虽然它似乎吸引了一些常见的传粉媒介，但它更多依赖于那些特定的昆虫。有一种常春藤蜜蜂几乎完全依赖常春藤来生存，这是一种独居蜜蜂，也就是说，它们不生活在蜂群中，也没有分工。常春藤蜜蜂的雌蜂既是繁殖者，也是采蜜者，负责为后代储备食物。

218.

LIERRE.

绣球花

一切就地发生

绣球花，一种生长在亚洲或北美洲的灌木，以其丰富多彩的花朵而闻名。它们的深绿色叶子上开满了许多微小的花朵，被粉红色、紫色或蓝色的花瓣环绕，适应各种温带地区，在法国布列塔尼花园和英国南部花园中备受推崇。

绣球花的花朵分为两种类型：小花和有色花瓣。小花位于花序中心，虽然数量众多，但并不引人注目。然而，你仔细观察会发现它们拥有完整的生殖器官，包括携带花粉的雄蕊和柱头，还有能释放花蜜吸引传粉媒介的蜜腺。与此同时，外围的有色花瓣非常醒目，它们的存在并不与生殖有关，缺乏花粉、花柱和花蜜。

那么，为什么植物会产生不具备生殖器官的花朵呢？设想一下，一只蜜蜂正在寻找食物，在深绿的绣球花叶子上，鲜艳的不育花朵映入眼帘。蜜蜂能够通过复眼辨认花序，并迅速接近潜在的食物来源。经过不育花朵后，蜜蜂最终在花序中心的小花中享用美味的花蜜。饮食过程中，蜜蜂将花粉沉积在自己的腿上，并不

学名
绣球花（*Hydrangea macrophylla*）
科
绣球花科
生境
林下，半阴和湿润环境
观察地点
绣球花广泛种植于整个法国布列塔尼地区，或者在沿海及山区的花岗岩母质土壤地区。它们在花园中形成了庞大的花坛。在布罗塞利昂德森林或勃艮第的亥南地区，可以找到许多绣球花的收藏品。
花期
6月至8月

传粉策略

　　绣球花的花朵由中心的小花和外围的大花组成，中心的小花能产生花粉和花蜜，而外围的大型不育花则可吸引昆虫进入中心。这些花朵的花瓣朝向天空，但当没有花蜜可供时，它们会垂向地面，向昆虫表示没有食物了。

知不觉地将全身粘满花粉。之后，蜜蜂离开并找到其他绣球花的不育花朵，这些花朵指引它前往其他中心花朵。蜜蜂继续采集花蜜，为自己和幼虫准备食物。在不断往返的过程中，它们将珍贵的花粉颗粒沉积在新花朵的柱头上，确保绣球花的受精过程完成。

　　绣球花的巧妙之处还不止于此！尽管不育花朵能指引蜜蜂找到花蜜，它们也可以向蜜蜂传达相反的信息："继续前行吧，这里没有什么值得停留的，"店铺"已经关闭。"当中心的可受精花朵完成传粉后，绣球花停止产生花蜜并不再接受花粉，因此传粉者没有必要再访问这些花朵了。传粉给不育花朵的信号是，它们不再吸引传粉媒介。曾经向天空张开的鲜艳不育花朵会突然下垂，颜色变暗，这是一种信号，意味着这里已经没有食物可供采集，不需要再飞到这里。

右页图自上而下：
● 《翠鸟和绣球花》，歌川广重（Utagawa Hiroshige），约 1830 年。
● 金纸上的白色绣球花，日本作品，19 世纪。
● 这种绣球花的末端伪花朝向地面，表明可育花中已无花蜜。

　　关于绣球花，它们究竟经历过什么？一开始就有不育的花朵吗？是的，在栽培品种的绣球花中，授粉的情况非常罕见。通常，通过无性繁殖的方式，例如将绣球花的茎分割开来，我们可以得到新的植株。这些不育花朵不结实，没有果实或种子，随着时间的流逝，花瓣的鲜艳颜色会逐渐褪去，但仍保持在原位。然而，极少数情况下，会有一些有繁殖功能的花朵，允许基因在种群中进行一定程度的交流。绣球花的美妙之处不仅仅在于传粉过程，它们也经常被制作成非常美丽的干花球，受人喜爱。

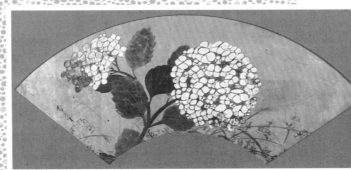

在山里

雪绒花
第一颗星

雪绒花，生长在崇山峻岭的新鲜空气之中，它们像银子一样闪亮，给人以美好的联想。作为山地花朵的象征，雪绒花在阿尔卑斯山脉和喜马拉雅山脉的陡峭山坡上点缀着稀有而令人惊叹的花朵。它们只生长在海拔 1300 米以上的地方。

雪绒花的花朵在视觉上很独特，它们像银色的星星串在纤细的多叶茎上，这是由于它们特殊的生长环境所造成的。对于任何开花植物来说，高山是一个恶劣的生存环境，周围的环境因素可能会对它们构成威胁。首先是温度，在这样的海拔高度，温度有时会非常寒冷，有时会非常炎热，而且温度变化迅速。干旱也是一个问题，面对山坡上的大风和夏季酷热的阳光，环境很容易变得干旱。最后，阳光也是挑战，在高山地区，大气稀薄，无法像低海拔地区地那样过滤阳光，特别是紫外线，紫外线在高山地区非常强烈，对植物组织会产生有害影响。

在这种极端条件下，登山者需要穿着合适的服装，戴上太阳镜并涂抹防晒霜攀登山峰。而雪绒花则穿上了它们最珍贵的装束——美丽的银色皮毛。这些皮毛具有多种特性，可以应

学名
雪绒花（*Leontopodium nivale*）
科
菊科
生境
海拔 1800 米至 3000 米的山间岩石区
观察地点
在阿尔卑斯山徒步旅行的途中，在山地植物园中。
花期
7 月至 9 月

131

传粉策略

这朵花实际上是由许多微小的花组成的，有一个由毛茸茸的叶子组成的星形莲座。这些花先是雄花，然后是雌花，这样可以进行交叉授粉。它们利用银白色的绒毛来保护自己免受寒冷、干旱和紫外线等严酷的山地条件的影响。

对高山环境的挑战，密集的绒毛困住空气，保证花朵良好的隔热性，不太受温度变化的影响。此外，花朵的白色绒毛可以避免蒸发水分，保护植物免受干旱的影响。而且，白色的绒毛可以反射光线，避免过热。最后，绒毛还可以保护植物组织免受紫外线的伤害。

当雪绒花绽放时，金黄色的小尖刺会穿透那些绒毛。仔细观察，我们会发现雪绒花实际上是一个花序，在灰色花瓣的中间有一团团非常小的花朵，这些花朵由花瓣融合成的管状花冠组成。高山雪绒花与向日葵属植物或蓟属植物都属于菊科。

在雪绒花开花初期，几十个宽大、银白色且绒毛丰厚的假花瓣环绕着一个带有花粉的小花头；位于花朵中心的雌蕊并不发挥功能，它们是雄花。而雄花周围排列着雌蕊，在这种情况下，这些花的雄蕊不发挥功能。因此，雄性和雌性花朵是分离的。然后，后续的几个花头逐渐成熟，形成圆形的黄色斑点，点缀着花朵。

最初开放的雄花的花粉无法附着到同一个花头上的雌花上，因为雌花还没有成熟。此外，所有这些花朵都能产生浓缩的花蜜，其中富含对某些苍蝇至关重要的氨基酸。事实上，这些苍蝇是能够在这样高海拔山区生存的珍稀昆虫，它们在雄花的深处享用花蜜时，会把花粉带在脚上或毛发之间，并在前往另一朵成熟的雌花朵上吸食花蜜时将其传播。因此，这些苍蝇实现了高山雪绒花的异花授粉。

右页图自上而下：

- 《雪绒花》，由埃德加·马克桑斯（Edgar Maxence）于 20 世纪绘制。
- 一只采棉蜂（Anthidium manicatum）可能正从雪绒花上采集绒毛来垫衬自己的巢穴。
- 这朵高山雪绒花的中央花头处于雄花的全盛期。

再后两页：

- 高山雪绒花生长在海拔高达 3000 米的高山地区，就像这里的白云石一样。

金鱼草

被吻囚禁

金鱼草以其特殊的繁殖机制和授粉过程而闻名。它们不会半途而废，而是努力保护自己的生殖器官，并优化授粉过程。金鱼草是一种如此迷人的花朵，吸引着众多渴望采集花粉和花蜜的昆虫。它们在春末盛开，可以在岩石缝隙、墙壁旁或花园中找到，散发着迷人的香气。当昆虫接近金鱼草时，它们可能感到困惑：入口在哪里？花粉在哪里？花蜜在哪里？它们必须跟随着花朵释放的信号进行寻找。金鱼草的花瓣相互连接形成的大大嘴唇，上面有两个黄点，形成一个粉红色的面孔。一旦昆虫到达那里，它们首先被香气吸引，然后被颜色吸引，似乎它们处在正确的路径上，那里一定有它们渴望的花蜜。

然而，真正的挑战开始了！它们似乎必须完全进入花朵内部！这需要一定的力量和努力，不是每个昆虫都能做到！蜜蜂、野蜂、蝴蝶或苍蝇会停留在金鱼草的"门槛"上，它们因为太轻，无法打开金鱼草的入口。而大黄蜂完全适应这个任务。金鱼草的入口似乎是专门为大黄蜂设计的：下面的花瓣是它们的降落跑道，大黄蜂必须以垂直的姿势进入花朵，这个位置

学名
金鱼草（*Antirrhinum* sp.）
科
车前科（以前属于玄参科）
生境
地中海沿岸的岩石地带，比利牛斯山脉的山地
观察地点
在地中海的石灰岩斜坡上散步，或在比利牛斯山脉的山脚下。在花园中，有许多观赏品种。
花期
7月至10月

137

传粉策略

花朵是闭合的，保护着生殖器官。当一只大黄蜂停在花朵上时，花朵会像张开的嘴一样分成两半，大黄蜂可以潜入花朵底部寻找花蜜。它与花粉或柱头接触，促进了异花授粉的过程。

特别适合攀爬，锥形细胞覆盖了花瓣的这个区域，防止大黄蜂滑落。大黄蜂可以沿着花冠形成的滑梯滑下，直到找到产生花蜜的基部。

在大多数情况下，金鱼草的花朵会闭合，将昆虫的腹部和后腿包围住，花蕊位于花瓣下方，将花粉撒在大黄蜂的背上。然后，大黄蜂离开并在访问其他金鱼草花朵时将花粉沉积在柱头上，促进受精过程。与其他物种不同，金鱼草没有机制可以防止同一朵花或同一株植物的花粉落在同一株植物的柱头上，因为柱头和雄蕊位于同一位置，并且它们同时成熟。然而，自花授粉并不会发生！金鱼草长期以来一直是植物遗传学研究的模型植物之一，正是通过这种植物，研究人员发现了配子体间的自交不亲和性现象。这个术语的意思是，花朵通过识别花粉表面的某些基因表达的蛋白质来决定是否接受花粉。如果花粉来自外部花朵，它可以在花柱中生长，到达子房并受精卵。或者，花柱如果识别出花粉颗粒表面的蛋白质为自身基因产生的蛋白质：这个花粉来自同一植物，甚至更糟，来自同一朵花！花柱会阻塞花粉的通道，因此受精过程就到此为止。花粉将无法使这朵花受精。

通过基因水平的精确控制，这些花朵能够避免自花授粉，从而保持一定的遗传多样性。这一点可以从野生金鱼草花朵呈现的各种颜色中看出。

毛地黄

仙女的手指

毛地黄自豪地生长在欧洲与中亚的湿地丘陵和山脉边缘。它们的花序生长在长长的茎上，开放着紫色的管状花朵，上面有明亮的小点。对于在周围活动的大黄蜂来说，这些管状花朵展示的是一种邀请，可以让它们钻进去。花朵微微抬起时，它们的可见度并不高，但能看到其中通向花朵深处的路径。大黄蜂进入其中可以找到食物，即花蜜，供养它们的幼虫在地下巢穴中生活，同时也提供花粉。

这些延长的花管似乎完美地适应了大黄蜂，当我们看到它们钻进去并消失时。对于人类来说，毛地黄似乎与我们的手指形状相似，这也是它们得名的原因。但请注意！尽管它看起来庄重而华丽，毛地黄仍然是一种野生植物，毒性很强！毛地黄叶子和花朵中含有大量的毛地黄素，这是一种毒性很强的毒素，即使剂量很小，也会阻断心脏的功能。然而，经过加工和处理过的毛地黄素可以有效治疗心脏衰竭。

大黄蜂和其他传粉昆虫在接近毛地黄时也许能感受到它们的小心脏（如果它们有的话）开始跳动。这并不是因为毒性，而是因为花朵

学名
毛地黄（*Digitalis purpurea*）
科
悬钩子科（以前为玄参科）
环境
森林下部和山地草原，尤其是针叶林
观察地点
夏季在阿尔卑斯山脉、孚日山脉或汝拉山脉等地进行徒步时，或参观阿尔卑斯花园（如劳塔雷花园）时可以看到，也可在其他花园中找到。
花期
6月至8月

传粉策略

这些花具有花粉和花蜜引导物，使昆虫能够飞向花朵中心。花朵沿着一根长茎排列，并从顶部开始逐渐成熟，先是雄花，然后是雌花。昆虫从底部开始采蜜，并将其他毛地黄的花粉带到雌花中，实现了异花授粉。

的美丽以及在花冠管状花朵基部的小圆点，这是一个指示："这里有花蜜和花粉，请进！"在某种程度上，这是虚假的广告，毛地黄的花粉隐藏在花冠管状花朵的深处，与柱头一起受到保护，免受恶劣天气的影响。昆虫通常渴望花粉，而毛地黄花冠基部的白色点在昆虫眼中看起来像是花粉团。因此，大黄蜂接近时以为可以轻松窃取花粉，但是，这是个骗局。既然到了，就一头扎进去吧！它沿着花瓣爬到花的中心。

在获取花蜜时，大黄蜂不可避免地与雄蕊和柱头接触。如果它身上粘有花粉颗粒，那么这些花粉颗粒可以与柱头接触，从而使这朵花受精。如果花粉来自另一朵花，那异花授粉就成功了！毛地黄采取了一种有趣的传粉策略来促进异花授粉：大黄蜂有一个习惯，总是从底部向上访问花序的茎。毛地黄的花从上部开始开放，最初是雄蕊成熟而柱头不成熟的花朵，因此这些花朵位于茎的中部。随后，当雄蕊枯萎时，柱头变得成熟，这是茎底部的花朵。如果大黄蜂总是从底部向上访问，它首先会接触到雌花，然后是雄花，在后者身上粘上花粉。当它到达另一株植物时，它再次从底部开始向上访问，因此将外部花粉粘到雌花上，并且不会意外粘上同一株植物的花粉，因为它会在第二次访问时接触到雄花。

右页图自上而下：

- 《毛地黄》，保罗·朗松（Paul Ranson），1899 年。
- 毛地黄的大型花序包括不同阶段的花朵：下部是雌花，然后是雄花，最上面是花蕾。
- 这只大黄蜂可以降落在花冠上，并利用花瓣上的绒毛进入花内。

欧洲百合

光明与黑暗的蝴蝶

欧洲百合是一种具有象征意义的花卉。它在圣经中与圣母玛利亚有关联，并被视为皇室花卉之一（尽管法国国王的"百合花"起源有争议，可能源于鸢尾花或剑兰花）。百合花一般会在花店、春天的花园和母亲节的餐桌上展示，散发着迷人的香气，引人注目。它们具有白色或多彩的大花瓣、黏性花粉和鲜明的长雄蕊。

在自然界中，我们可以在野外找到一些百合花的物种，例如山百合。它们生长在古老的山地森林中，花朵呈粉红色，由六片外苞片（同时指称花萼和花瓣，当它们外观相似时）组成，还有六个长雄蕊携带着橙色的花药，以及一个长长的雌蕊。这种百合花采用了一种广为人知且易于观察的传粉策略，用于吸引传粉媒介并促进异花授粉。首先，雄蕊花粉的成熟发育时间早于雌蕊；几天后，雌蕊变得成熟，并倾斜90度而转向地面，使柱头对准开始凋谢的雄蕊。

欧洲百合和其他百合花一样，在傍晚时分散发出浓郁的香气。这是一个信号，吸引了特殊的访客——天蛾。它们能够在悬停飞行的同

学名
欧洲百合（*Lilium martagon*）
科
百合科
生境
森林和山地草原，海拔高度可达 2800 米
观察地点
许多种类的百合花可在花园中观察到，也可以在花店购买到（如白色百合花）。
花期
6 月至 8 月

传粉策略

 这些花很容易辨认，因为它们有强烈的香气。花朵上有非常大的雄蕊和一个长长的花柱，它们与花瓣基部的花蜜相距很远。这使得天蛾或其他蝴蝶用它们的长吻吸取花蜜时，雄蕊或花柱可以与它们的身体接触。

时将长吻插入任何非常细小的空隙中。当它们接近花朵时，它们会注意到花朵下方的暗色斑点，这些斑点是指示它们插入吻的位置的标记。首先通过视觉引导，然后通过质感的差异，花瓣的基部会引导天蛾到蜜腺的凹槽中，吻能够轻松插入其中。当天蛾吸食蜜腺中的花蜜时，由于它们悬停飞行的特性，它们离花朵的基部足够远，能够触碰到长雄蕊并粘上花粉。在继续飞行的过程中，天蛾有可能会遇到另一朵更加成熟的百合花。如果它将吻插入花朵中心，身体远离花瓣，这样就有可能接触到成熟的柱头，将一些残留在翅膀或毛发上的花粉传递给柱头，实现异花授粉。

这种山百合花不仅在晚上吸引许多访客，在白天也能吸引注意。但请注意，并非所有访客都适合传粉。蜜蜂或大黄蜂太小了，无法同时接触到雄蕊和柱头，它们的舌头也够不到花蜜。然而，其他访客可以停在百合花上，例如白粉蝶或柠檬蝶等一些大型日间蝴蝶。与天蛾不同，白天的蝴蝶不会悬停在空中。由于花朵的繁殖部分与花朵的基部之间的距离相对较大，只有少数几种蝴蝶在展开它们的长吻并浸入花蜜时，会用叠起的翅膀触碰到雄蕊或柱头。研究人员已经观察到一些蝴蝶物种实现了这一"壮举"，例如白粉蝶或柠檬蝶。

右页图自上而下：

- 这三只绢粉蝶（*Aporia crataegi*）用它们的吻吸食花蜜，同时它们的翅膀上粘满了花粉。
- 植物学插图（细节），19世纪。
- 直立的大雄蕊准备将花粉撒在经过的蝴蝶身上。

鲁冰花

彩蝶飞舞

鲁冰花是一种多彩的豆科植物，在初夏时节在花坛中绽放着色彩斑斓的花序。装饰性鲁冰花只是众多品种中的一种，全球有200多个不同的品种，其中一些在经济和食用方面具有重要价值。比如白色鲁冰花（羽扇豆），其种子富含蛋白质，自古以来就被地中海地区的人们所食用。还有一种被广泛用作饲料的植物——窄叶鲁冰花，在澳大利亚得到广泛种植。鲁冰花也被用作绿肥植物，因为像豌豆、菜豆和三叶草等豆科植物一样，鲁冰花的根部寄生着一种能够从空气中吸取氮气并供给植物的细菌。作为交换，植物通过光合作用向细菌提供糖类等营养物质。因此，这些植物富含氮，一旦被割下并留在原地，就能够为土壤提供养分。这种自然改良土壤的方式可以避免使用氮肥，而氮肥的使用是农业产生温室气体排放的主要原因之一。

鲁冰花也是北美大平原上常见的植物，在春季，整个草原都会因其独特的色彩而变得绚丽多彩。因此，蓝色鲁冰花成了得克萨斯州的象征。

一朵鲁冰花的花朵具有典型的豆科植物特征，并遵循相同的授粉过程。从外观上看，它

学名
鲁冰花（*Lupinus polyphyllus*）
科
豆科
生境
中等山地的开阔明亮的草原；海拔高度可达4800米
观察地点
在修道院花园中相当常见，在加利福尼亚州拉森山的山坡上也非常丰富。
花期
7月至10月

149

传粉策略

　　花朵紧密地排列在一根长长的茎上，它们紧闭着，形状像蝴蝶。当一只大黄蜂停在花朵上寻找花蜜时，它会按压下面的花瓣，花瓣会打开，释放出雄蕊，雄蕊会将花粉粘在昆虫的腹部。

没有花粉或柱头，而是一个呈蝴蝶形的轴对称花朵。它由两个部分组成，实际上是五个在基部融合的花瓣。在上方有一个中央花瓣被称为旗瓣，水平展开的两个基部融合的花瓣在上方形成龙骨瓣。在鲁冰花中，这个龙骨瓣通常被另外两片被称为翅膀的花瓣包裹着。我邀请你亲自解剖一朵豆科植物的花朵，尝试找出花朵的不同部分。另外需要注意的是，类比不仅仅是将花与蝴蝶类比，龙骨瓣和旗瓣这些术语也是将花比作船！

　　旗瓣位于花朵中间，通常与翼瓣和龙骨瓣的颜色不同，它指示了花蜜的位置，是吸引蜜蜂的目标。翅膀还用于增加可见性和吸引力。至于龙骨瓣，它保护和包裹着生殖器官，使其免受恶劣天气和食草动物的伤害。它还用作昆虫的降落跑道和栖息地。

　　鲁冰花的芳香有助于吸引花序中的昆虫。一旦靠近，蜜蜂、黄蜂或其他传粉昆虫可以区分不同的花朵。黄蜂会迅速接近，并沉重地停在龙骨瓣上，用吻吸取龙骨瓣和旗瓣之间的裂缝中的花蜜。在它沉重的身体压力下，龙骨瓣的两片花瓣会绽开，释放出带有花粉的雄蕊，碰撞昆虫的腹部。通常情况下，花粉还会附着在同一朵花的柱头上，促进了豆科植物中普遍存在的自花授粉。然而，鲁冰花的传粉策略起作用了，黄蜂的特定部位（腹部下方）被花粉覆盖，这些部位在它们进行频繁的自我清洁时很少被接触。黄蜂继续前进，最终到达另一朵花，并将第一朵花的花粉沉积在另一朵花的柱头上，促进异花授粉。

再后两页：

● 火鸡在得克萨斯州的一片平原上漫步，周围是蓝色鲁冰花和野生的火焰草

在水边

鸢尾花

恋爱使者的化身

鸢尾花是园丁们最喜爱的植物之一，以其各种形态和色彩在许多不同的环境中绽放，为传粉者带来沉浸式的体验。鸢尾花在春天盛开，常见于河岸边。它们的根部扎在水中，起到固定土壤的作用。不仅在世界各地的花园中很常见，在茅草屋的顶端鸢尾花也是常见的，被用来稳定屋顶结构。鸢尾花拥有悠久而迷人的历史，在古埃及时期就与神祇荷鲁斯有着联系。人们种植鸢尾花不仅是因为它们的美容特性，还因为可以从它的根茎中提取香气。随后，在罗马时代，鸢尾花与伊里斯联系在一起，伊里斯是众神的信使，她常常迅速飞过天空并留下一道彩虹。鸢尾花的多彩花色和短暂的开放期也使其与彩虹联系在一起。最后，这种剑形的植物和高贵而端庄的花朵与欧洲的伟大王国有关，它们被神圣的日耳曼帝国采用，并成为法国首位以路易为名的国王的象征，被称为"路易之花"。因此，鸢尾花出现在所有皇家纹章上，成为众所周知的"百合花"。

鸢尾花在自然界中显得格外高贵，与普通花朵截然不同。它的形状像一艘帆船或小船，这种设计使得异花授粉更为有效。巨大的花朵

学名
德国鸢尾（*Iris germanica*）
科
鸢尾科
生境
沼泽地、湿地、溪流边缘
观察地点
茅草屋顶上，花园中。许多植物园都有鸢尾花园，比如位于奥尔良附近的拉索尔斯公园和布列塔尼地区的布洛塞利昂公园。
花期
5月底至8月

传粉策略

 花朵将其生殖器官隐藏在花瓣下方，并引导昆虫通过垂直的三片花瓣攀爬至花朵中心的花蜜处，中间的花瓣上有着起辅助作用的须状物。昆虫在离开花朵时会有花粉附着在身上。当它们进入另一朵花时，花粉会粘在柱头上，实现异花传粉。

可以从远处望见，同时散发出微妙的香气，吸引过往昆虫的触角，引导它们朝花朵方向飞行。接下来，昆虫到达花朵前方时，会发生什么呢？花朵的构造有三个主要部分：下垂的长外花被（当花萼和花瓣具有相同功能时合称为外花被）和竖立的球状其他花被。看不见花粉，但却有一些线索。每个下垂的外花被上都有一条中央条纹，通常带有绒毛，这就是花须。这个像小地毯一样的结构似乎深入上面的外花被下方。昆虫是否愿意冒险去探索呢？那里是否隐藏着它一直寻找的花蜜？大黄蜂勇敢尝试，果然，在花朵的底部，在隐蔽的内部，就是那期待已久的花蜜。然而，在接近花蜜腺体的过程中，顶部变得越来越低，特别是由于所有花须的阻碍，昆虫被迫将背部蹭在上方的壁上。首先，一个稍微坚硬的条状物会刮擦昆虫的背部，然后在这个阶段之后，花药就会接触到昆虫的头部和背部，将鸢尾花的花粉撒在它的身上。昆虫对此毫不在意，因为花蜜就在那里，离它的口器很近！在吸食完花蜜后，大黄蜂转身穿过花粉囊下方，然后离开鸢尾花。它飞走了，最终找到另一朵值得访问的鸢尾花。它冒险进入"隧道"，位于花须和上方外花被之间，并再次穿过一个坚硬的带子形状的柱头。第一朵花的花粉因此被新的花朵所接收，实现了异花授粉。大黄蜂继续它的旅程，享受花蜜，身上粘满花粉，然后离开花朵。需要注意的是，在返回的过程中，柔软的柱头不会收回花粉，大黄蜂轻松离开，而身上的花粉则会被带到另一朵鸢尾花的深处，并粘在那里的柱头上。

右页图自上而下：

- 鸢尾花的花朵隐藏了其生殖器官：雄蕊可在中央花瓣下方看到，与其连接的是子房（此处不可见）。黄色的须状物并非一簇雄蕊，而是帮助引导传粉者进入花心的结构。

- 《鸢尾花》，文森特·梵高（Vincent Van Gogh），1889 年。

- 《堀切鸢尾花》，歌川广重，1856—1858 年。

王莲

爱之船

荷花和睡莲是分布广泛的水生植物，在许多文化中都具有深厚的象征意义，比如佛教中的神圣莲花。人们可能会想到莫奈在吉维尼花园绘制的美丽睡莲，或者中国的藕。在这些植物中，有一种特别令人印象深刻的物种生长在亚马孙河的支流中，它就是亚马孙王莲。它是目前为止最大的睡莲，叶子直径可达三米。这些大叶子由厚厚的多肉和多刺的脉络支撑，边缘有约 10 厘米的疏水蜡质覆盖，使它看起来像巨大的不粘锅托盘。这些大叶子能够承载鸟类，如苍鹭，它们将其用作捕鱼场所。

但现在让我们来看看王莲的花朵，同样壮观！巨型睡莲开出直径可达 40 厘米的巨大花朵。尽管它只持续很短的时间，准确地说只有 48 小时，但在这两天内它们有足够的时间完成传粉任务，因为它们进化出了非常有效的传粉策略。

第一天，花朵是雌性的，只有子房发育成熟，雄蕊还未成熟。第一天的花朵是白色的。到了第二天，花朵变成了雄性，子房不再接受花粉，而雄蕊变得活跃。第二天的花朵呈现粉红色或紫色。

学名
克鲁兹王莲（*Victoria cruziana*）
科
睡莲科
环境
温暖的河流支流、静水沼泽地
观察地点
可以在法国南锡植物园、里昂的金头花园、尚蒙 – 卢瓦尔河谷温室或英国伦敦附近的皇家植物园看到它。
花期
3 月至 7 月。

传粉策略

 这朵浮在水面上的花，由一根伸入泥土的茎支撑，花朵由许多花瓣和雄蕊组成，覆盖了一个空间，甲虫会在其中被困超过一夜，进行繁殖和进食，作为回报，它们会帮助睡莲传粉。

第一天，花朵的花瓣缓慢地一片片地开放，每朵花大约有 60 个花瓣！下午时分，花心暴露在空气中。此时花朵是白色的，散发着水果般的香气，主要吸引甲虫。此外，花心是温暖的：这种发热作用主要由子房细胞引起，使花心的温度比外界环境高出 10℃，是真正的恒温器！这种热度有助于更好地扩散香气，更重要的是为当地的甲虫提供了一个温暖舒适的环境。它们在花瓣之间穿梭并进入中央的腔体，那里有花柱。然后"陷阱"关闭了！上部的花瓣一个接一个地卷曲起来，形成了一个顶棚，作为晚上的房顶。被困在这个金色牢房中的甲虫并不是不幸运：有中央供暖，而且还有食物：虽然此时花粉由薄膜保护，无法触及，但构成这个舒适小室的植物组织是可食用的，富含糖分且柔软可口！而且，既然已经被困住了，在温度的帮助下，甲虫也可以利用这个机会进行繁殖！因此，在第一天的夜晚和第二天的晚上，甲虫在温暖舒适、受保护的环境中获得了它们的许多基本需求的满足，并远离了捕食者！

在甲虫侵入后的 24 小时内，花柱不再接受花粉，而雄蕊已经成熟且可触及。虽然许多花粉颗粒最终会被甲虫的下颚夹走，但一些花粉会附着在它们的甲壳上。花朵随后呈现粉红或红紫色。这是一个外部信号，表示花朵里没有更多的好处了：它已经完成了受精！在第二天的晚上，"牢房"打开了大门，吃饱并粘满花粉的甲虫可以在落到另一朵白色花朵之前伸展翅膀。它们携带的花粉颗粒可能会落在新花朵的柱头上，那朵花的顶棚会关闭，故事重演。无论如何，王莲就这样成功地完成了异花授粉！

毛黄连花

由油脂制成

在湿地边缘或芦苇丛中漫步时，你可能会突然发现这种金黄色的植物，它的茎上开放着许多鲜艳的花朵，映衬着明亮的绿叶。毛黄连花是欧洲湿地中常见的植物，其中一些品种已经被引入花园和阳台，例如带有斑驳绿白叶子的毛黄连花，或者覆盖花园和交叉路口的匍匐詹妮品种。

那么，为什么这朵花值得关注呢？毛黄连花似乎渴望吸引注意力，它为其他传粉者提供不同的奖励。与大多数花朵一样，它确实希望通过将一个植物的花粉与另一个植物的柱头进行杂交来增加基因多样性。为此，它依赖于传粉昆虫，而这些昆虫通常不会免费劳动。大多数花朵通过提供富含糖分的花蜜或富含蛋白质和脂肪的花粉来奖励传粉者，但毛黄连花选择了一种相当特殊的方式，因此在传粉者中有一些独特的支持者。

除了提供普通花粉外，它还提供油脂。实际上，在由五片黄色花瓣形成的杯状花中心，昆虫可以找到五根带有花粉的雄蕊、中央的柱头，以及通常会有花蜜的地方，这些地方被毛黄连花用油脂替代。这种油脂非常丰富，具有多种特性，可能会吸引昆虫：它富含脂肪，可

学名
毛黄连花（*Lysimachia vulgaris*）
科
报春花科
生境
湿地、沼泽、溪边
观察地点
湖边或沼泽中。毛黄连花的栽培品种广泛种植，在花园中经常可见。
花期
5月至8月

163

传粉策略

　　毛黄连花的花朵产生一种天然的油脂，取代了花蜜，并且除了花粉外。这种油脂被某些昆虫收集，其中包括主要对毛黄连花进行传粉的独居蜜蜂。这种蜜蜂使用油脂来喂养幼虫，并将其涂抹在巢穴上，以保护它免受湿气的影响。

以有效滋养正在迅速生长的幼虫，并且由于其疏水性质（这种油脂不溶于水），它具有为巢穴或蜂巢隔热的潜力，这对于需要保姆的蜜蜂来说是一种革命性的"产品"。

　　这种由毛黄连花提供的"明星产品"的独特属性引起了传粉昆虫的注意，一种野生蜜蜂甚至对它上瘾，以至于无法离开。这种毛黄连花蜜蜂甚至专门收集油脂，当雌蜂用脚浸入花朵中时，它后腿上的小毛发会吸附油脂。通过毛茸茸的腹部，它会收集大量花粉。因此，这种独居蜜蜂的雌蜂大部分时间都在花朵之间浸泡，用腹部蹭花蕊，并非常灵活地向后伸展中间的一对脚，以抵御一直围绕着毛黄连花的雄性蜜蜂的骚扰。通过这种方式，从花朵到花朵，这种独居蜜蜂的雌蜂会在吸取油脂的同时散布花粉，并参与毛黄连花的异花授粉。

　　然后，这些油脂被带回到雌蜂所建的巢穴——一个距离毛黄连花生长地不到 15 米的河岸沙地中的小洞穴中。在巢穴中，雌蜂挖了一条中央走廊，从中分出两到八个小房间：她"孩子"的房间。在每个房间里，壁上都是新鲜的油脂，还有一小部分毛黄连花花粉和油脂的混合物，幼虫会在这里度过两周的时间，然后在一个茧中完成其蛹变过程，在随后的春天变成蜜蜂，也是在毛黄连花开花的时候。因此，这种小型野生蜜蜂完全依赖于毛黄连花的存在。由于持续的人类活动导致湿地的消失，野生毛黄连花正变得越来越稀缺，这引发了传粉者数量的下降，这也非常令人担忧。

右页图自上而下：

- 约翰·柯蒂斯（John Curtis）于 1822 年在《植物杂志》上发表的植物插图。
- 一只毛黄连花蜜蜂正准备从毛黄连花的花朵中获取油脂。
- 毛黄连花的大型黄色花序可以从远处看到。

苦草

悄悄滑行

苦草是广受水族爱好者喜爱的植物，尽管它的花朵通常不太显眼。一些品种常被用于装饰淡水水族箱，尤其适合作为背景植物。在自然环境中，特别是螺旋苦草，在水下形成了长长的丝状植物群落，有时长达 1 米，构成了某些河流中的真正水下森林。这些水生植物对于构建淡水生态系统非常重要，为许多蜗牛和鱼类提供栖息地和食物来源。与生活在咸水中的大型藻类不同，苦草属于开花植物。开花意味着需要进行传粉。

你可能会问，它是否拥有花蕊、花粉、柱头、花瓣、颜色、气味、温度等特征？是否有为了进行基因物质交流的花朵存在？花朵的花粉能否与另一株植物的卵子相结合？花朵的目的是促进基因交流和异交授粉，对吗？是的，花朵的存在就是为了这个！而且，如你所见，在陆地上的植物可以依靠飞过的昆虫，给予它们一些花蜜，通过气味吸引它们，或者更隐秘地利用风来实现传粉。

然而，在水中情况就变得复杂了！如何让花粉和雌蕊在比空气阻力更大的液体中相遇？一种传粉策略是让花粉在水中漂浮，但会有太多的损失；想象一下花粉在三维环境中的扩散，

学名
苦草（*Vallisneria spiralis*）
科属
水鳖科
生境
河流、水流
观察地点
在水族箱中相对常见，因此很容易观察到。
开花期
6月至10月

167

传粉策略

　　苦草是一种水生植物，利用水面进行传粉。花朵非常小，有雄花和雌花两种。雄花会从植物上脱离并漂浮在水面上，它们会聚集在一起形成一种漂浮的结构。然后它们会与雌花相遇，而雌花则通过类似弹簧的螺旋茎保持在水面上。

会受到比风更缓慢但更强大的水流的影响。然而，有一个地方的物理规律对传粉更有利——水面上。如果花粉能够漂浮到水面上，传粉过程就可以在二维平面上进行，这大大增加了相遇的机会。此外，水面上的表面张力会使漂浮物聚集在一起。一旦在平滑的水面上有一个小凹陷，就像一个小斜坡一样，它会吸引漂浮在水面上的颗粒。螺旋苦草似乎了解水面的物理特性，甚至利用它们来进行传粉。

　　螺旋苦草是雌雄异株植物。雄性植株产生非常轻巧的小花，一旦成熟就会从植株上脱离并漂浮到水面上。在水面上，这些简单的花朵会绽放开，露出带有花粉的两个雄蕊。苦草可以同时产生数朵雄花，并通过水的表面张力聚集成真正的漂浮群。此外，雌花则一直附着在长螺旋茎上。这些螺旋茎伸展着，并使雌花漂浮在水面稍低于水面的凹陷中。在水流的帮助下，雄花群可能会靠近雌花。它们会被雌花在水面上形成的凹陷所吸引，花粉会与柱头接触。一旦受精，雌花会收缩，螺旋茎会缩紧。种子在水下成熟，然后被水流带走，远离原来的位置，继续发芽生长。

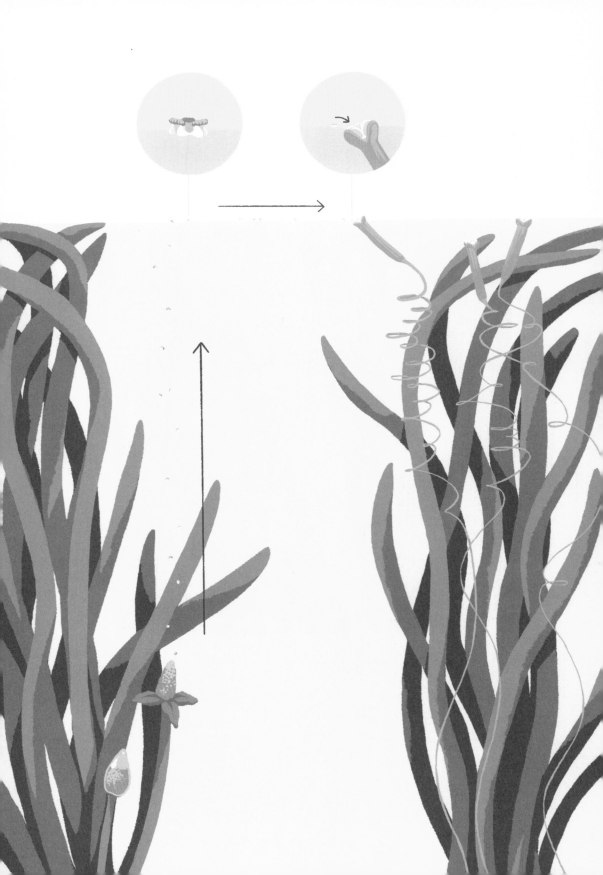

纸莎草

风中的秀发

纸 莎草与古埃及密切相关，在人类社会中成为早期书写的支撑物。但是，我们是否了解它的传粉策略呢？

纸莎草的根部浸泡在水中，而顶端则伸出水面。在其自然栖息地，如尼罗河等河岸边，风通常相当强劲而稳定。事实上，河岸带通常是一个开放的环境，风能够自由流通。风沿着河流从源头吹向海洋（或反之亦然）。那么，为什么不利用这种常见且安全的传播方式，避免自花授粉，将花粉传播到其他植物呢？这就是许多河岸边的草本植物所做的，比如芦苇或者这里的纸莎草。这些植物被称为风媒植物。

在其自然环境中，尼罗河纸莎草可以长成密集的丛生，高达5米。实际上，当你经过尼罗河，欣赏着神奇的河马时，你可能会看到周围长满高大纸莎草的丛林，顶部的厚重花序像绿色的大圆珠子一样随风摇曳。这些圆形的簇由苞片构成，苞片细而薄，看起来像针，在开花期间承载着小花。

现在我们来谈谈花朵：你必须对它有所了解才能看得到，事实上，那些绿色和棕褐色的小钟形花朵就是莎草的花朵。它们在长长的苞

学名
纸莎草（*Cyperus papyrus*）
科
莎草科
生境
沼泽、水流
观察地点
我们可以在一些花园中观察到它。一种相似的品种，如风车草，更容易养护且非常常见。位于法国芒通的瓦尔拉默植物园内有美丽的植株。
花期
6月至8月

171

传粉策略

花朵通过风进行传粉，而河流附近的风一直存在。花朵小而呈绿色，没有特别吸引人的特征，并高高地固定在植株上，与由长叶子形成的大球连接在一起，看起来像针。花朵会产生大量花粉，以增加与其他植株相遇的机会。

片花序中得到良好的保护，但仍暴露在四面八方的风中，因为它们需要风。

这些花朵虽微不足道且没有香味，但数量非常多。这样的好处是，不需要花费太多能量在华丽的色彩或精致的香气上，以较低的成本产生大量的花朵。

纸莎草的花由位于小梗末端的小穗组成，从两个绿色而坚硬的小颖片中伸出。纸莎草的花是两性的，既有雌蕊又有带花粉的雄蕊。此外，它们在不同的时间成熟，限制了自花授粉。雄蕊下垂，在风中摇摆并释放大量的花粉（与针叶树和其他风媒植物等春天的参与者一起，释放大量花粉引发过敏和花粉热）。这些非常轻的花粉颗粒被风吹起，可以飘到数千米之外，落在另一株成熟雌性纸莎草的花朵上。这样就完成了受精。然后长出小的干果，掉在水中漂浮一段时间后，最后落在适合发芽的河岸上。

埃及的纸莎草是下埃及（开罗及其以北的尼罗河三角洲地区）的一种神圣植物，与该社会的许多活动有关：用作书写支撑物、篮子、筏子、食物和燃料。在一些仪式上，纸莎草花序被用来向神灵致敬。尽管从尼罗河上的原产地已经几乎消失了，但纸莎草对埃及人来说仍然非常重要。许多非洲民族今天仍在使用它，例如在尼日尔三角洲制作船只。此外，在公园和花园的装饰性水池中常见的纸莎草，或者阳台上的盆栽纸莎草，属于另一种物种，即风车草（*Cyperus alternifolius*）。它们非常容易栽培，而且具有一种方便的传播方式：没有花的茎一旦浸泡在水中，就会生长出新的根和新的茎，促进它们在自然环境中的传播。

右页图自上而下：

- 这个由长长的苞片（叶子类型）组成的大球包含了细小的纸莎草花朵。
- 雕刻的石头上描绘了尼罗河的鸟类和风格化的纸莎草。
- 纸莎草沿水流形成了密集的群落。

在菜园里

西葫芦

禁止混合

在意大利等地，人们对西葫芦花非常熟悉，通常会将其用油炸成甜甜圈或作为填充馅料食用。西葫芦花具有微酸的口感，非常美味。当然，同样美味的还有它在夏季长大的果实——西葫芦！我们可以看到它们是从黄色花朵的基部冒出来的。

当我们在菜园里漫步时，观察到一株西葫芦植株，我们可能会想知道是否它的每朵花都会结出一个小西葫芦。让我们仔细看看：实际上，其中一些黄色花朵的基部并没有小西葫芦……很奇怪！如果我们在菜园里或者宽敞的阳台上种植西瓜、南瓜、黄瓜或甜瓜，我们会看到同样的黄色花朵，情况都一样：有些花底下有小果实，而其他花则没有……所有这些物种都非常相似，为我们提供各种各样的葫芦类蔬菜，从植物学家的角度来看，它们属于葫芦科。

那么，葫芦科植物到底发生了什么？为什么它们的花看起来相似，但只有一些会结出果实，而其他花则不会？当我们关注他们如何授粉时，我们会有哪些发现？事实是，在我们的

学名
西葫芦（ *Cucurbita pepo* ）

科
葫芦科

生境
西葫芦和其他葫芦科植物在阳光充足、水源充沛的露天环境中生长。

观察地点
西葫芦可在菜园中观察到，西葫芦花也可以在花卉店中看到。类似于法国永河畔拉罗什（Roche-sur-Yon）的百草园中也可以找到一些南瓜的保存品种。

花期
6月至9月

175

传粉策略

黄色的花朵非常醒目，个头也很大。雄花和雌花是分开的，以避免自花授粉。但不论是雄花还是雌花，它们似乎都能提供花粉，因为雌花保留了雄蕊的痕迹。这样可以欺骗访问雌花的昆虫，使其误认为花中有食物。

西葫芦中，与其他约 5% 的花卉一样，有些花是雄花，而有些是雌花。在葫芦类植物中，黄色花朵找到了一种彻底的方法来避免雌蕊与同一朵花的花粉相结合（这将导致自花授粉，最终导致基因多样性的丧失），就是在同一株植物上分别长出雄花和雌花。

西葫芦花由五片大黄色花瓣连接在一起，形成一个大碗状结构，上面有突出的毛刺。这样的花朵结构非常容易让路过的传粉者进入，它们可以从各个方向进入，并从长花瓣上慢慢攀爬，就像是一条长的降落跑道。鲜艳的黄色花朵非常引人注目，很容易从远处被看到。

两种类型的花都吸引传粉者，因为它们都产生了传粉昆虫喜欢的强烈吸引物——花蜜！除了花蜜外，雄花还提供花粉作为食物，主要用于喂养蜜蜂和蜜蜂的幼虫。雌花只提供花蜜，这已经很不错了。缺乏花粉可能会使雌花的访问者减少！所以不能让传粉者知道这一点……在大多数葫芦科植物中，雌花具有不发育的雄蕊遗迹。此外，柱头是黄色的，呈肿胀状，看起来非常像花粉团。花蕊通过柱头来模仿雄蕊，这使我们想起秋海棠的传粉策略。雄花也是如此，花粉位于一个假柱头周围的五个雄蕊的顶部；而该柱头本身是无功能的。因此，即使对于蜜蜂的复眼来说，葫芦科植物的雄花和雌花之间看起来没有任何区别。在它们看来，两种花都能找到花粉和花蜜，就好像它们是典型的两性花一样。因此，传粉昆虫在访问了雄花之后，再访问雌花（同一株植物上的雄花将较早成熟，以避免雄花的花粉与同一株植物上的雌花接触），在享用花蜜的同时，还参与了西葫芦、南瓜、甜瓜和黄瓜的异花传粉！

右页图自上而下：
- 这朵雌花已经受精，一个西葫芦开始从子房处长出。
- 这只蜜蜂（*Apis mellifera*）从一朵雄花中飞出。
- 这朵西葫芦雄花与雌花非常相似。

鼠尾草

异花传粉策略的典范

自古以来，鼠尾草因其芳香和药用特性而在花园中被广泛种植。它灰色的、蓬松的叶子非常适合搭配烤肉或为汤增添香味。我们还可以将新鲜或干燥的叶子简单地放入沸水中，冲泡成美味的花草茶。实际上，鼠尾草的叶子和花朵中含有多种具有药用特性的精油，赋予其独特的味道。与鼠尾草相似的其他薄荷科植物也是如此，如百里香、迷迭香或薄荷。

这个大家族的所有花朵都具有相似的形态特征：即使没有花，我们也可以通过其四棱的茎来识别薄荷科植物。

鼠尾草的花是异花传粉策略的典范。我们建议你近距离观察，以体验这种传粉策略的精妙！鼠尾草的花朵呈现双侧对称，也就是说，它不是一个可以从任意一侧进入的圆形花冠，而是有一个固定的进入方向，这一点非常重要。花朵沿着长长的花序茎交替排列在一起，形成高达 60 厘米的大花束。每朵花由紫色的融合花瓣组成，形成一个敞开的口部，分为上唇和下唇两部分。可以清楚地看到花朵有一个开口和一个降落点，由下唇组成，使传粉者可以轻松地获取花朵底部的花蜜，并始终保持在同一位置！在某些情况下，这些薄荷科植物能产生丰富的花蜜，而自由的蜜蜂群体可能会在几周时间内连续采集到百里香花蜜，从

学名
鼠尾草（*Salvia sativa*）
科
唇形科（Lamiaceae）
生境
荒地、田地、低矮灌木丛
观察地点
它常见于菜园、香草园，也可以在阳台或环形交叉路口见到。你可以在法国阿尔宗保护区或尼斯植物园欣赏到各种各样的鼠尾草。
花期
5 月至 10 月

传粉策略

　　该花具有倾斜的雄蕊，当蜜蜂进入花朵时，借助下部花瓣的支撑，它会钻入花朵基部采集花蜜，并触动花蕊，使花粉黏附在背上。当蜜蜂飞到另一朵花时，花粉会沉积在雌蕊上。

而产生具有其特殊味道的美味蜂蜜！

　　首先，即使没看花朵，昆虫也会被鼠尾草花朵散发的香气吸引。然后，一串串的花朵表明这里有它们可以进食的东西。当昆虫停在一朵花上时，蜜蜂会停在下唇上。上唇会覆盖生殖器官（雄蕊和雌蕊），保护它们免受恶劣天气的影响。一开始，花朵是雄性的，只有雄蕊是成熟的。然后，在第二阶段，雌蕊变得成熟，而雄蕊的花粉则变干。

　　雄蕊固定在花的中心，底部有一个类似杠杆的突起，被称为托板，是鼠尾草的花朵设计中的关键。当蜜蜂停在花上并继续采集花蜜时，它会推动杠杆，使充满花粉的雄蕊下降，并直接黏附在蜜蜂背部的毛发上。事实上，雄蕊在花上是可移动的，只与花瓣的一个点连接，而托板则起到平衡作用。当一个物体（例如蜜蜂或你的小手指）按压托板时，整个雄蕊会倾斜。当你移开手指或蜜蜂时，由于托板的重量，雄蕊会弹回到原来的位置。较大的花朵已经结束了雄性阶段，现在处于雌性阶段。在这种情况下，花药没有花粉，而花柱则延伸，直到从上唇中伸出并位于一个关键位置。我们可以看到，花柱出现分叉，像一条长蛇的舌头从上唇中伸出，等待着花粉的到来！

　　事实上，假设蜜蜂在推动一朵年轻的（因此是雄性的）花的杠杆后，飞到了一朵较老的（因此是雌性的）花上。蜜蜂会深入花朵中以寻找花蜜。由于较老的花朵具有延伸到花中心的花柱，蜜蜂会直接将来自前一朵花的花粉呈现给这朵花的柱头。由于时间上的差异和巧妙的杠杆系统，鼠尾草选择将其花粉放置在理想的位置，以便安全传输，并且能够防止蜜蜂在进行自我清洁时将其清除掉。这样隐藏的花粉不会对昆虫造成任何不便，可以顺利地从一朵花传输到另一朵花。因此，异花传粉的授粉方式得以保证！

番茄

"音乐爱好者"

就像所有植物一样，番茄也需要传粉，传粉者将来自其他植株的花粉沉积在柱头上，使多个子房同时受精。子房会发展成小小的种子，而花的其他部分则会生长成红色多汁的果实。实际上，在牛心番茄和樱桃番茄上可以找到花的残留物：小绿茎实际上就是萼片，最初形成花蕾的那些绿色薄片。

番茄花是美丽的黄色星形花（形状像圣杯一样），由六片尖锐的花瓣（花冠）覆盖在六片绿色而坚硬的萼片上。在花瓣的星形中间，有一个特殊的结构：一个明亮的黄色圆锥体。在圆锥体的中心，有一个迷人的柱头，等待着来自另一朵花的花粉。在柱头周围形成了一个套筒状的结构，其中连接着十几根花粉管。与其他花的雄蕊不同，这些结构并不将花粉暴露在风中。是的，在番茄上，如果你想得到花粉，就得付出努力！因为花粉牢牢地附着在这些管子里，只能通过每个管子顶部的一个非常小的孔才能流出。要收集这些花粉颗粒，让它们流出来以供自己使用（例如，传给后代），你必须成为一位出色的杂技演员和舞者！是的，番茄不会向所有传粉者提供花粉，

学名
番茄（*Solanum lycopersicum*）
科
茄科
生境
阳光充足的开阔地，需要适量的水源
观察地点
番茄在菜园里独占一席之地，也常见于某些阳台！在法国卢瓦尔河畔蒙卢伊（Montlouis-sur-Loire）有一个专门的植物园栽培番茄。
花期
5月至11月

传粉策略

　　番茄的花朵拥有管状的雄蕊，在花朵的中心形成一个黄色圆锥体。花粉在这些管子中受到保护，无法触及，直到一只大黄蜂前来收集花粉并通过全身的振动使雄蕊一起振动。大黄蜂或某些木蜂的活动对于番茄的授粉是必不可少的。

更不会在随便什么条件下都提供花粉！请注意，番茄试图让它的访客"跳舞"，以特定的节奏愉悦地颤动！

　　实际上，只有当整朵花以特定的振动频率振动时，花粉才会从管子中释放。番茄真是一位"音乐爱好者"，因为这种振动接近音级 la（拉）的频率。事实上，如果将一个音叉靠近番茄花，花会共鸣并释放花粉。

　　在自然界中，蜜蜂、蝴蝶或甲虫都无法完成这种音乐上的壮举。因为传粉者需要兼具灵活性和力量，才能以释放频率全身颤动的方式悬挂在番茄花上。

右页图自上而下：
- 这只大黄蜂附着在雄蕊上，并以高频率的振动释放雄蕊的花粉。
- 由乔瓦尼·巴蒂斯塔·莫兰迪（Giovanni Battista Morandi）于 1748 年发表的植物板绘。
- 一旦花朵受粉，其子房将生长为番茄。

　　大黄蜂是这种高难度动作的主导物种。它能通过振动传粉或振动释放花粉。大黄蜂工蜂（需要注意的是，大多数黄蜂都是社会性的，生活在小型群体中，由女王和她不育的女儿负责觅食和传粉，而雄蜂则不参与集体劳作）飞到番茄植株上，并落到一朵花上，用前腿抓住花粉锥。它们伸出长长的口器寻找花蜜，然后开始摆动并颤动，越来越剧烈，直到达到 350 赫兹的频率，它们发出了低于音叉的 la 音。但这已足够，番茄花被征服，和谐完美，花粉从花中脱落。一部分花粉混合在花蜜中，并装在大黄蜂后腿上的篮子被带回巢穴，供等待在巢穴中的幼虫作为高蛋白饲料使用；另一部分花粉则黏附在大黄蜂的体毛上。工蜂飞离，寻找另一株西红柿。振动舞蹈重新开始，但这次，身上携带的花粉会与另一朵花的柱头相遇，完成异花授粉！

A. Lycopersicon fructu Cerasi, luteo. Tourn. Inst. R. Herb. 150.
B. Lycopersicon Galeni. Tourn. 150. Solanum Pomiferum, fructu rotundo,
striato molli. C.B.P. 167. Mala aurea odore fœtido, quibusdam Lycopersicon.
J.B. 3. 620. Aurea mala. Dod p. 458.

A.

B.

豌豆

自花授粉

当我们在菜园里漫步时，我们可以靠近一株采摘之前的豌豆（或豆类，效果相似）并欣赏它的花朵。无论是豌豆的白色花朵，还是某些豆类的红色花朵，或者香豌豆的粉红色花朵，这些花朵都有着奇特的蝴蝶形状，类似羽扇豆、金雀花或者金合欢的花朵……所有这些花都属于豆科植物家族（以前被称为蝶形花科）。

豌豆的花朵具有典型的豆科植物特征——异花对称，花瓣排列呈鸟和船的形状。竖直方向上看起来像鸟，两个上部厚重的白色花瓣与绿色的连接在一起形成立起的翼瓣。水平方向上，类似船的船体，首先是两个叫作翼瓣的白色花瓣，它们覆盖着两个绿色连接在一起形成龙骨瓣。在翼瓣的上方和龙骨瓣的下方，是被保护着的生殖器官：十个带有花粉的雄蕊和中央的雌蕊。

豌豆并不向外界展示它的生殖器官，它更倾向于进行自花授粉。实际上，豌豆的花朵甚至豆类的花朵从不开放；它是少数几种几乎完全进行自花授粉的花朵之一！豌豆的闭合花被称为隐花，类似于紫罗兰等其他闭花。与紫罗兰不同的是，紫罗兰只在最后的阶段采用隐花

学名
豌豆（*Pisum sativum*）
科
豆科
生境
阳光充足、有适量水源的地方
观察地点
在菜园或田地中，这种植物自近东地区农业的起源就开始被种植。
花期
4 月至 7 月

传粉策略

花朵呈蝴蝶形状，雄蕊和雌蕊受到花瓣的保护。在大多数情况下，花朵不开放，授粉直接在花瓣下已经成熟的雄蕊和雌蕊之间进行。自花授粉是首选方式。

授粉（因此进行自花授粉）。对于豌豆来说，在花朵处于早期开花阶段时，花粉已经成熟，沉积在花柱上，花柱被雄蕊环绕。

对豌豆来说，自花授粉是有保障的授粉方式，这种方式在 99% 以上的情况下被采用，可以确保后代与上一代相同，并适应即时环境。这种自花授粉倾向促进了豌豆的驯化，豌豆是最早被栽培的植物之一，在农业起源时期与小麦一起在肥沃的新月地区被种植。现代豌豆品种无疑比最早的野生品种更倾向于自花授粉（在其封闭的花朵中进行自花授粉）。在植物培育过程中，我们倾向于选择那些具备高营养价值且易于种植的品种，并希望将这些特征传递给后代植物。因此，我们优先培育那些自花授粉的豌豆品种，以保留符合人类需求的特征。然而，在约 1% 的情况下，交叉授粉也会发生（例如，当一只大黄蜂强行打开由翼瓣和龙骨瓣形成的保险箱），这可以确保一定的遗传多样性，以确保物种的更新，或者确保对豌豆植株有害的突变不会在物种中持续存在。

这种自花授粉的能力使豌豆能够产生"纯系"，例如，这些豌豆植株会连续几代始终开出白花或者红花，或者连续几代产生光滑的豌豆或者皱豌豆。这些特征引起了 19 世纪摩拉维亚（现在属于捷克共和国）的一位修士格里戈尔·孟德尔的好奇心。利用豌豆的这种特性，他通过简明的方式证明了基因遗传和显性与隐性基因的原理。

在地中海地区及干旱地区

丝兰

进献花粉

无论是在公寓里的花盆中还是在海边，丝兰一直是法国园丁心中异国风情的象征！这种灌木原产于中美洲的干旱地区，也在欧洲南部生长。它以一簇长叶子的形态而闻名，叶子像剑一样尖锐，长在细长的树干上，指向四周，犹如棕榈树一般。

丝兰的外观非常美丽，但更令人印象深刻的是它的花朵。丝兰能开出大串的白色花朵，从叶簇中冒出，随风飘扬。这些花朵在夜晚散发出甜美的香气，呈现出极度明亮的白色，在黑夜中可见。这是因为它们在夜间完全开放，夜间正是一些夜蛾活跃的时候，尤其是丝兰蛾（ *Tegeticula yuccasella* ）等各种蛾类。这些夜蛾特别喜欢丝兰花，它们来到花朵中寻找栖身之处，让它们的后代在此生活。这些昆虫是真正的夜行动物，在白天它们躲避阳光，安睡在丝兰花的白色钟状花冠下。夜幕降临后，雌性丝兰蛾开始活跃起来，在花朵间飞舞，最终会来到一个处于雄性阶段的花朵，它有四个黄色的花药。昆虫靠近花朵，吸食大量的花粉，并将花粉夹在强大的下颚之间，然后带着这份珍贵的馈赠离开，悬浮在空中。

学名
丝兰（ *Yucca* sp.）
科
天门冬科
环境
半干旱或沙漠地带的开阔区域
观察地点
是常见的室内植物，也可以在西海岸和地中海地区观察到。丝兰在法国丰科德植物园和拉隆德莱莫尔（La Londe-les-Maures）拥有国家保护区。
花期
7月至8月

传粉策略

丝兰花由一种小型夜蛾完成授粉，夜蛾在为丝兰传播花粉的同时，还可利用其果实来喂养后代。因为夜蛾在欧洲没有分布，而丝兰被引入了欧洲。因此，这种合作关系在欧洲不可能存在，丝兰无法在那里结出果实。

雌性蛾正在寻找合适的产卵地点，而另一朵丝兰花的成熟子房是丝兰蛾最理想的产卵地方。丝兰蛾会访问其他花朵，如果是老花朵，子房就不符合它们的口味，它们对花粉不再敏感，于是继续前行。最终，它可能在相当年轻的花朵上找到成熟的子房。接下来，它需要确定子房是否已经有其他丝兰蛾的卵或幼虫。通过触角，雌性蛾检测在花柱上留下的气味。如果嗅到了同种昆虫的信息，表明这里已经被其他蛾占据，它将继续前往其他花朵碰运气。如果花朵合适，路径畅通无阻，那么雌性蛾将执行两项对其后代和丝兰群体生存至关重要的行动。

右页图自上而下：
- 丝兰的白色钟形花朵保护了繁殖部位免受雨水的侵蚀。
- 一只夜蛾在丝兰的花心采集花粉。
- 美国亚利桑那州纪念谷的砂岩丘陵前有一片小丝兰（Yucca glauca）群落。

首先，雌性蛾将产卵器插入丝兰的子房中，这是一种细长的针状结构，将卵产在植物组织中。然后，蛾沿着花柱滑动，并在其表面放置之前访问雄花所携带的花粉。一些花粉颗粒将在子房中生长，直到它们授粉了一些胚珠。只有依靠这些受精的胚珠和相关的植物组织发育，丝兰蛾的幼虫才能孵化。

这种行为对丝兰蛾和丝兰都有利，但对丝兰的未来种子可能造成损害。在卵周围形成的能促进昆虫发育的花朵突起，会影响母蛾产卵位置附近的种子。然而，其他种子将继续发育。因此，这种关联是一种互惠共生关系，对两个物种都是有益的。花粉在这种关系中扮演着重要角色。与传统的传粉者不同，花粉不是被消耗掉，而是被丝兰蛾作为珍贵的礼物，运输到雌性丝兰花朵上。这种关联似乎表明丝兰蛾已经认识到异花授粉对种子发育的重要性，它们明白完成授粉的丝兰能够为它们的幼虫提供食物。值得注意的是，尽管丝兰被引入欧洲，但丝兰蛾并未随之而来。在欧洲，丝兰只能通过营养繁殖来繁衍，缺乏与丝兰蛾之间的这种特殊关系。

铁锤兰

让人疯狂

如果你有幸探索澳大利亚的丛林，你将会听到一个引人入胜的故事，其中的主角是一种令人惊叹的花朵。

在澳大利亚西南部的干旱草原上，存在一种非常值得一看的兰花，被称为铁锤兰。它们外观平凡，没有鲜艳的颜色或引人注目的形状。这些兰花并非是用来送礼的那种花卉。从外观上看，我们可以看到一个膨胀的棕色瘤状物，看起来像是一朵未开放的花蕾或已凋谢的花朵。然而，铁锤兰在性吸引力方面达到了巅峰。接下来，我们将详细介绍，但首先，让我们关注故事的另一个主角。

胡蜂生活在这个地中海气候的环境中。这些独居的蜂类将它们的卵产在地下，成年雌蜂没有翅膀，而雄蜂体型更大且可以飞行。在繁殖季节，雌蜂从地下钻出来，爬到周围植物上面。一旦到达植物茎的顶端，它们通过释放性信息素来向雄蜂发出信号。这种甜蜜的香气吸引了雄蜂，它们会飞来抓住雌蜂，一同飞离。这对"夫妻"会一起飞行几个小时，雄蜂雌蜂交配，并在多朵花朵上采集花蜜，然后将雌蜂放在地面，让它返回地下产卵。

那么，铁锤兰呢？进化从不止步，经过数

学名
铁锤兰（*Drakaea*. sp）
科
兰科
生境
半干旱的开放环境，沙质土壤
观察地点
位于澳大利亚西南部的自然环境中。
该植物罕见且不适合人工栽培。
花期
9 月至 10 月

传粉策略

铁锤兰花朵看起来像是生活在同一环境中的一种雌蜂的身体。雄蜂被这种相似性所欺骗，并试图抓住花朵上类似雌蜂身体的部分。它敲开花朵中包含生殖器官的部位，然后被花粉囊黏附在它身上，并将花粉传送到另一朵花上。

千年的发展，铁锤兰经历了变化，利用胡蜂的奇特交配行为进行授粉。

铁锤兰只开放一朵花朵，高高地生长在一根长茎的顶端，与周围的植物茎顶部大致处于相同高度。胡蜂在交配飞行前会停在这里。铁锤兰的唇瓣（兰花特有的大下唇瓣）肿胀，为黑色，有毛，略带黏性，并与茎的顶部分开，通过简单的连接与花朵固定在一起，使其能够摇摆。在另一端是兰花的性器官——花粉团（一种带有花粉颗粒的紧凑囊泡，涂有一种准备黏附在传粉者额头上的胶状物）和覆盖在花柱上方的柱头。除此之外，没有其他特征。你已经猜到了，没有花香，它只会释放一种化学混合物，对胡蜂来说非常接近雌蜂等待雄蜂飞来时释放的信息素。

因此，铁锤兰通过模仿交配的方式来促进异花授粉。被这些虚假的雌蜂吸引，雄蜂被它所看到的景象和闻到的气味所吸引，并靠近自己所认为在那儿等它的同种雌性。它试图抓住的实际上只是铁锤兰的唇瓣，仍然与茎连接在一起。在试图解脱这个假雌性的过程中，可怜的雄蜂会像个疯子一样挣扎，形成了一个钟摆运动，就像铁匠在铁砧上敲打锤子一样，雄蜂敲打着铁锤兰的生殖器官。经过几次来回，花粉团从植物上脱落，并黏附在昆虫雄蜂的前额上。一旦接触到空气中的胶状物，花粉团就会凝固，稳固地附着在昆虫的头上。雄蜂最终放弃，继续寻找其他雌蜂。它遇到另一个"目标"，发现仍然是一朵铁锤兰的唇瓣。故事再次上演：钟摆，敲击……这一次，花粉颗粒接触到了柱头，成功完成了传粉过程！

无花果

一朵默默无闻的花

据我们所知，每朵花的最终目标是产生种子，并产生果实。理论上讲，没有花就没有果实！那么，在无花果树上，花在哪里呢？

难道无花果花有些害羞？它为何选择低调，不像其他花那样暴露其生殖器官，不穿着最迷人的服饰，不释放最复杂的香气呢？实际上，无花果的花在外观上与未成熟的小无花果几乎没有区别！

无花果在植物学上是一个庞大的物种群，包括地中海地区栽培的无花果树，能结出甜美的无花果，以及热带雨林中的无花果树，它们是高大乔木，能结出小无花果，受到猴子和鹦鹉的喜爱。

尽管我们在果园中看到的"现代"和驯化的无花果树是通过扦插繁殖的，因此不需要杂交授粉，但野生或热带无花果树有一种独特的繁殖方式。小无花果依靠一种非常小的蜜蜂（榕小蜂）传粉，虽然它们对花的外观或气味并不关注，但它们需要的是寻找一个巢穴，一个温暖且远离捕食者的地方，雌蜂可以在那里产

学名
无花果（*Ficus carica*）
科
桑科
生境
一些生长在地中海盆地的灌木丛地区，还有一些是生长在热带雨林和红树林中的大型乔木。
观察地点
结果的无花果树生长在果园中，特别是在法国南部。无花果在法国南部有许多保护区，比如韦泽诺布尔（Vézénobres）村。一些热带无花果树已经适应了法国的室内种植环境。
花期
5月至6月

199

传粉策略

　　无花果的花是一簇闭合的小花，形成一个小绿果。无花果授粉需要一种小型蜂类的帮助，两者为共生关系，这种小型蜂类的整个生命周期都依赖于无花果。因此，蜂类和某些无花果之间存在着独占关系，这解释了其花朵演化为其当前形态的原因。

卵，幼虫可以安静地生长发育。如果幼虫的家同时能够提供食物，对于榕小蜂来说，那可能就是天堂了！

　　确实如此！事实上，无花果花是一朵复杂的花朵，类似向日葵的花朵，它自身隐藏了微小的花朵。这就是所谓的无花果花球，它是一个装满数百甚至数千个雌花或雄花的囊袋，囊袋并不完全封闭，底部有一个小开口（称为小孔），就像果实上的开口一样。

　　随着进化的过程，无花果和榕小蜂之间建立了一种奇怪的关系，两者都在其花中繁殖。对于榕小蜂来说，在不同的生命阶段需要两个不同季节的两种不同类型的花朵。冬季，无花果树会产生小无花果花，其中包含数百朵中性花（即不育雌花）和雄花，它们形成了一个紧密的通向小孔和出口的通道（称为无花果雄花或母花）。榕小蜂的雌蜂进入花中，花朵的进入通道非常狭窄，雌蜂会失去翅膀。它们在中性花中产卵，然后死去。卵孵化出幼虫，幼虫以花朵为食。幼虫变成蛹，然后变成成虫，它们是榕小蜂的雄性和雌性幼虫。雄蜂首先孵化，并与尚未孵化的雌蜂进行交配，然后死去。它们将在整个短暂的一生中一直停留在无花果的花序中。雌性从花序中出来，经过成熟的雄花通道，雄花能产生大量花粉。这些花粉颗粒附着在年轻的雌性榕小蜂的身上，它们飞向新的花朵。榕小蜂在花序中度过一生的时间，从卵到幼虫再到成为雄蜂和雌蜂，由雌蜂为无花果授粉，然后死亡，代表着一个完整的生命周期，之后春天就来了。无花果树也形成其他花序（同样看起来像小无花果），这些花序由中性花和雌性花的混合组成。带有花粉的榕小蜂雌蜂进入这些花中，并在中性花中产卵。但同时，它们会在雌性花上撒下花粉，实现交叉授粉。

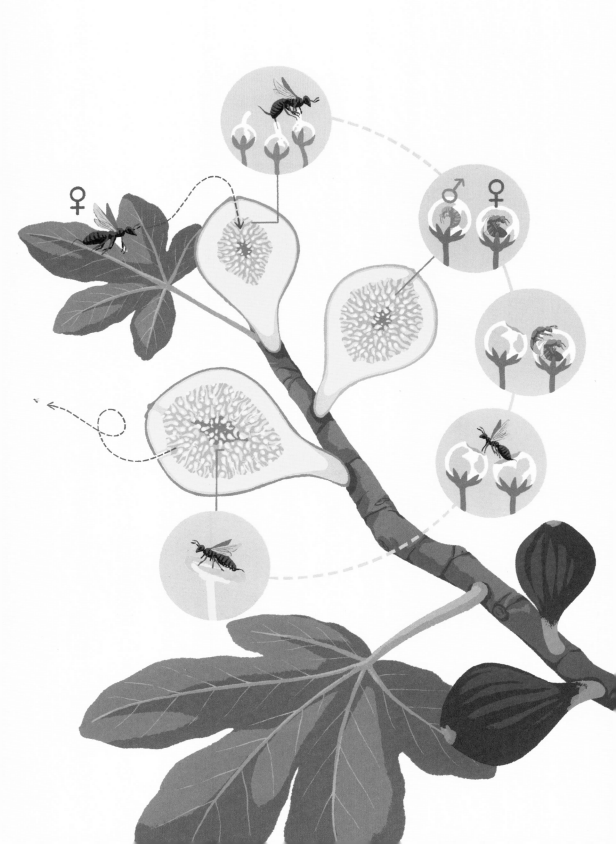

沟酸浆

花粉吞噬者

这种花与蜜蜂或蜂鸟为伴，这一点很容易观察到！它鲜艳的颜色使得它在远处就能被发现。当靠近时，蜜蜂或蜂鸟无法忽视它，因为它的花瓣形成了一种奇特的架构，看起来像猴子的头。因此，它又被称为"猴面花"（Monkeyflower）。在某些品种中，花的中心会长出橙色小点，引导蜜蜂或蜂鸟找到花蜜的路径，同时假扮成花粉颗粒。这使得它与毛地黄的花相似。花的入口覆盖着绒毛，使得昆虫在着陆时能够更好地抓住充当降落跑道的花朵下部。

蜂鸟和蜜蜂会深入花的管状部分取蜜。这样一来，蜂鸟的前额会接触到带有花粉的雄蕊，蜜蜂的背上也会粘满花粉。对于一种几乎完全依赖蜂鸟传粉的品种，如猴面花（*Mimulus aurantiacus*），在北美各种环境中存在着一种非常有效的现象，以避免发生自花授粉。

首先，我们靠近花的内部，从外部能观察到由花瓣组成的管状花的底部。现在想象我们站在花的入口处，就像一只蜜蜂停在一个平面上一样。我们上方是雌蕊的一部分——柱头。它是白色的，连接在花瓣的顶部，末端呈现两个张开的裂片，就像一个嘴巴或华夫饼夹，准备合拢。如果我们继续向前，我们会发现带有

学名
沟酸浆（*Mimulus* sp.）
科
玄参科
生境
半干旱的开放岩石地带
观察地点
许多装饰性栽培品种可在园艺店中找到。
花期
6月至9月

传粉策略

　　花朵由昆虫或蜂鸟传粉。它具有口形的花柱，在与传粉者或花粉接触时会突然关闭。如果花粉来自另一朵花，花柱会保持关闭状态。如果花粉来自同一朵花，花柱将排斥花粉并再次打开。

花粉的雄蕊，最后，在花的最深处，有蜜腺产生的宝贵花蜜，蜂鸟会用它们的长喙来寻找花蜜。

　　这是当前的情况，但让我们回到柱头上，这两个裂片可以在与授粉者的任何接触下迅速合拢。一旦蜂鸟啄取花蜜并触碰到柱头，柱头就会迅速合拢，就像翻开一本书一样快！柱头将保持关闭状态，无法再次接触花粉，并持续近两个半小时！因此，尽管蜂鸟在不停地振动翅膀、扰动周围的一切，甚至可能在花的闭合柱头上撒上花粉，但无法进行授粉。

　　如果蜂鸟之前访问了另一朵沟酸浆，并且仍然粘满花粉，那么它到达时很有可能会在开放的柱头上撒下花粉。接触会导致柱头关闭。在接下来的几个小时里，它将保持关闭状态。在这种情况下，如果有花粉存在，柱头将持续关闭超过 24 小时。花粉颗粒会开始发芽，并在花柱内部继续生长超过 15 个小时。当所有存在的花粉颗粒都发芽并成功输送精子到目的地，并且许多卵子都受精了，如果还有未受精的卵子，柱头将重新打开。如果所有卵子或几乎所有卵子都受精了，柱头将保持关闭。这样，沟酸浆能够精确地控制授粉，选择适量的花粉以避免浪费。柱头关闭并且所有卵子都受精之后，花朵也不急于凋谢。受精的花朵可以继续停留数天，以继续吸引传粉者到周围的灌木丛中寻找其他可供采蜜的花朵。

在异域

鸭跖草

真假花粉？

这种小巧而低调的植物是亚洲的原生植物，在湿润的土壤中（如河流边缘等地方）生长得很好。它也被引进到欧洲和美国的花园中，并适应了新的环境。在某些情况下，它甚至成了具有入侵性的杂草。在 1957 年，这种植物首次在夏威夷被发现对除草剂具有抵抗能力。

在鸭跖草看似低调且无害的外表下，它隐藏了一项特殊技能！它属于只提供花粉而不提供花蜜的花朵，它不产生花蜜。一般来说，如果昆虫前来采集花粉，它们可能会将花粉带到膜翅目幼虫的肚子里，而不是落在同一种花的柱头上，花粉就会白白浪费！例如，玫瑰就完全依赖这种花粉的生产，它具有众多的雄蕊，它认为可能有一部分花粉会落在另一朵玫瑰的柱头上。然而，生产这么多的花粉成本很高。而鸭跖草在这方面有点吝啬！因此，它发展出了一个相当巧妙的传粉策略，以避免提供比实际需要量更多的花粉。这种花利用了传粉者对金黄色花粉的喜爱，特地在两片蓝色花瓣中展示出类似花粉的东西，使传粉者似乎看到了新鲜且可口的花粉。此外，黄色在蓝色的背景下非常显眼！但是，这两个

学名
鸭跖草（*Commelina communis*）
科
鸭跖草科
生境
东南亚的热带灌木丛，甚至沼泽和稻田
观察地点
它可以在一些花园中找到。它被引入并在加勒比地区和法属留尼汪岛，变得具有入侵性。
花期
6 月至 9 月

传粉策略

花朵拥有假雄蕊，吸引传粉者但不提供花粉。然而，隐蔽的真正雄蕊会将花粉黏附在昆虫身上，通过最少的花粉实现有效的异花授粉，不浪费花粉，为花朵节约能量。

黄点并不是由花粉颗粒组成的花粉团，而只是花朵上看起来像花粉的突起！

一旦被发现，凭借其圆形的两片蓝色花瓣，这种花将受到传粉者的喜爱，它们希望轻松获取宝贵的花粉。但是当蜜蜂或蜂鸟试图带走花粉时，它们却一无所获。然而，蜜蜂或蜂鸟寻找花粉的同时，真正的花粉会粘在它们的身上：事实上，位于花瓣前部的三个假雄蕊只是一种欺骗手段，它们下面有三个真正具有生育能力的雄蕊。有两个带有深色花粉的雄蕊将从昆虫的两侧合拢，并将花粉固定在它的侧面。第三个带有黄色花粉的雄蕊将接触昆虫的腹部，并将花粉粘在它的腹部上。鸭跖草非常聪明，因为它不仅将花粉附着在昆虫身上，避免了它们被吃掉而无法到达目的地，而且还将花粉固定在昆虫的绒毛上，以确保它们在正确的位置上停留。蜜蜂和蜂鸟都比较注重卫生。它们的目标是摆脱潜在的寄生虫并收集附着在它们绒毛上的一些花粉。

右页图自上而下：

- 鸭跖草的花慢慢展开其苞片，苞片是一片改良的叶子，保护着幼小的花朵。
- 明显可见的假花粉位于花的中央，吸引传粉者，而棕色花粉会黏附在传粉者的腹部上。
- 《渔翁与鸭跖草》，歌川广重，1830 年。

然而，对于这些昆虫的腹部和侧面来说，有些地方是无法触及的。因此，鸭跖草固定的花粉很有可能留在它们的绒毛上。当它们离开时，它们身体上涂抹着花粉，它们可能会经过另一朵花，并再次以为那里有花粉，然后冲向这朵新花的假雄蕊。它们的身体会触碰到柱头，并将第一朵花的花粉沉积在上面，从而完成交叉授粉。

守宫花

壁虎糖浆

里求斯，这个位于印度洋中心的岛屿，是一个充满神秘的地方。在数百万年来与大陆生态系统的隔离中，这些岛屿上的生态系统悄然独自进化。结果是这里拥有独特的物种和丰富多样的生态系统，许多物种仅存在于此，被称为特有物种。

毛里求斯的特有物种在没有大型掠食者的情况下茁壮成长，直到人类的到来。岛上有大量重要的鸟类和爬行动物，如蜥蜴和壁虎。目前，岛上存在许多濒危的特有物种，其中一些已经完全消失，如标志性的渡渡鸟。在这些物种中，有一种著名的白天活动的蓝尾壁虎（*Phelsuma cepediana*）。这种色彩鲜艳、迷人的小壁虎不仅享用热带雨林中的昆虫和水果，还喜欢一种特殊的花朵——守宫花的花。

守宫花是一种热带藤蔓植物。它的花由五片黄色萼片和五片黄橙色的圆形花瓣组成，形成一个容纳丰富花蜜的杯状花冠。在开花的最初几天，只有雄蕊成熟；然后它们枯萎并脱落，而中央的柱头则变得成熟。这种雄性先成熟、雌性后成熟的时间差异使花避免了自花授粉。

学名
守宫花（*Roussea simplex*）
科
守宫花科
生境
热带密林
观察地点
这是一种极度濒危物种，目前仅分布在毛里求斯岛上，数量不到百株。英国皇家植物园（Kew Gardens）正试图种植它，但目前尚未成功。
花期
9月至1月

211

传粉策略

这种花很大，有坚硬的黄色花瓣。它产生丰富而黏稠的花蜜，深受其传粉者喜爱，其中包括一种壁虎。这种植物是世界上极少数由壁虎传粉的物种之一。不幸的是，入侵物种蚂蚁也对花蜜感兴趣，当它们出现在花朵上时，会阻止壁虎靠近。

当壁虎品尝到年轻花朵中略带发酵和强烈气味的花蜜时，它的头顶会被含有花粉颗粒的凝胶覆盖，这些花粉颗粒从雄蕊上脱落。然后，壁虎继续寻找更多的花蜜，并有可能在其头部附近遇到另一朵稍微成熟一些的守宫花花朵。当它们低头获取珍贵的花蜜时，壁虎无意中会留下富含花粉的黏液滴。于是，守宫花的交叉授粉就发生了！

这个故事涉及两个特有物种之间的一种契约，它们在数千年的无干扰演化过程中和谐共存。这朵花还有另一种特有的传粉者：一种灰色的小鸟——安诺绣眼鸟。守宫花、鸟类和壁虎之间和谐共生。然而，这个故事变得过于美好，人类却再次带来了干扰。一种入侵的蚂蚁物种进入了这三个参与者之间。这种白足狡臭蚁（*Technomyrmex albipes*），有着白色的腿部，试图用泥巴覆盖花朵，以养育蚜虫并以其分泌的甜汁为食。蚂蚁对靠近守宫花花朵的动物极具攻击性，从而限制了守宫花与壁虎之间的接触。其他威胁如老鼠、野猪（它们也是入侵物种，在原始状态下，岛上只有蝙蝠），以及人类对森林的开发，都在加速守宫花的灭绝。守宫花已被列入世界自然保护联盟（IUCN）濒危物种红色名录。

英国科学家正试图在温室中种植守宫花，尤其是伦敦南部的皇家植物园（Kew Gardens）。然而，未经壁虎消化系统处理的种子似乎不太能存活，因为它们对病原体非常敏感。目前研究人员正在尝试在无病原体的无菌环境中让种子发芽。就像许多自然奇观一样，守宫花由于全球化的人类社会而长期与大自然隔绝，如今正面临危险。

吊 桶 兰

雄性调香师

兰科植物是花卉植物中最为多样化和丰富的科之一，其物种采用各种传粉策略来实现交叉传粉。它们分布在全球各大洲，尤其在热带地区拥有丰富多样的物种，成千上万的兰科物种生长于地面，有的甚至生长在树木上。它们对于生长基质的要求很少，但却亲近阳光，这些被称为附生植物的植物附着在热带树木和藤蔓的树枝及树皮上。

吊桶兰是源自中美洲和南美洲的兰花，具有非常独特的形态：它们具有由唇瓣形成的大型囊状结构，对于某些物种而言，这个变形的花瓣扮演着吸引雄性昆虫的诱饵角色。然而，需要注意的是，并非所有的雄性昆虫都会被引诱，而且也不是任何方式都能引诱雄性！吊桶兰与相当爱慕虚荣的雄性昆虫之间建立了一种非常复杂的关系，这些昆虫试图通过展示最好的香气来取悦雌性昆虫！这些昆虫被称为兰花蜜蜂，其中雄性的兰花蜜蜂有一种喜欢虚张声势的坏习惯！在这些绿色闪亮的小蜜蜂中，雄性通过在交配飞行中释放混合香气的方式来吸引雌性，这些香气是它们从环境中的不同位置收集的，尤其是吊桶兰的底部。作为热带森林的气味专家，雄性兰花蜜蜂的后腿上有一个小香

学名
吊桶兰（*Coryanthes* sp.）
科
兰科
生境
繁密的热带森林
观察地点
在幸运的情况下，它们可以在圭亚那的树木或藤蔓上，或者在中美洲的森林中看到。
花期
6月至11月

215

传粉策略

　　这些兰花的花朵具有一个像酒袋一样的花瓣，其中充满了芳香的精油。热带地区的雄性蜜蜂前来采集花朵中的精油，用作吸引雌性蜜蜂的香水。它们浸入花朵形成的碗状容器中，同时也将花粉传播到另一朵花朵上。

水袋，这让可可·香奈尔的香水都自愧不如。

　　吊桶兰在这种情况下既不提供花蜜也不提供花粉，而是为这些渴望香气的雄性昆虫提供香味精油。兰花的凸起唇瓣形成了一个碗状的池塘，收集从花的顶部两个可见腺体中渗出的油状液体。雄性兰花蜜蜂被吸引过来，试图直接从腺体中获取这种精油。它很快就会沉醉其中，并有些晕眩，掉进花瓣池塘中无法自拔，同时它的翅膀也被弄湿了。它被这种具有香味的精油覆盖着！大约 30 分钟后，它设法爬到光滑的壁上，依靠可能存在的绒毛，以到达出口。我们的雄性蜜蜂开始了一段艰难的旅程。接下来，它必须通过一个小隧道，依次遇到一个带有柱头和两个花粉团（这些是特定兰花的紧密花粉颗粒团）的雌蕊，这些花粉团被巧妙地放置在几乎与昆虫背部接触的壁上。花粉团会脱离并附着在兰花蜜蜂身上。但用于黏结花粉团的黏液不会立即变硬。

右页图自上而下：
- 一只携带花粉的雄性蜜蜂被这种兰花产生的芳香精油所吸引。
- 昆虫掉入花瓣形成的容器中，里面充满了精油。
- 这只蜜蜂很难从兰花结构复杂的通道中脱身。

　　因此，兰花希望昆虫再多待一会儿，等待黏合剂变硬，然后释放可怜的雄性昆虫。实际上，由于花的结构，昆虫必须费力地从狭窄的隧道中脱身，这可能需要很长时间。

　　如果雄性兰花蜜蜂对自身的新香味还不满意，它可能会继续尝试来自其他兰花的香气。它可能会越过另一朵兰花的边缘，掉进去，再次挣扎以免淹死，并经过隧道返回，身上带着被粘在外壳上的花粉团。从香水浴中出来后，它首先毫无察觉地将前一朵花的花粉沉积在柱头上，然后接收新的花粉。兰花的精巧设计以及与兰花蜜蜂之间的这种强大共生关系使得吊桶兰能够成功进行授粉！

西番莲

繁茂而娇艳

作为异国情调的象征，这种藤蔓植物在欧洲的花园中引起了轰动，尤其是作为一种不怕寒冷的品种，它就是蓝色西番莲（*Passiflora caerulea*）。这种美丽的圆形花朵在解剖学上是非常罕见的，一切都是为了吸引蜜蜂和大黄蜂在正确的位置进行授粉。西番莲在16世纪西班牙征服者进行首次探险时从南美洲引入。耶稣会传教士们迅速将这种花视为传教工具（就像他们很快垄断了当地的财富），用来向前哥伦布时代的人民传教。事实上，他们在这朵花中看到了基督的受难迹象，从而为这种藤蔓植物赋予了它的学名和俗名。

首先，西番莲的藤蔓、卷须和叶子使他们联想到耶稣受难者的手和鞭子。然后，通过观察花朵，他们将各种元素与耶稣的受难事件联系在一起：首先是黑暗部分上的三个黑色球体，让人联想到三个钉子，然后是直接下方的五个花粉块，象征耶稣身上的五处创伤，然后是由五颗彩色花瓣组成的华丽花冠，类似于荆棘冠冕的形象，最后是十个绿色的萼片，似乎指代耶稣的十二使徒中的十位。因此，这朵花为最早的传教士的传教演讲服务了，但与这朵花相

学名
西番莲（*Passiflora caerulea*）
科
西番莲科
生境
森林、篱笆
观察地点
它已经被驯化，在许多花园中可以找到。它在法国圣若里有自己的保护区。要找到可食用的西番莲果实，必须去热带地区。
花期
6月至11月（初霜降临）

219

传粉策略

西番莲的花朵非常复杂，有一片蓝色细辐射状花瓣向昆虫指示花蜜盘的位置。花先是雄性，然后变成雌性；这样可以避免自花授粉。当花还不是雌性时，它的柱头是竖立的，昆虫无法接触到它。当它成熟时，柱头会弯曲并达到雄蕊的水平。

关的受难也可能预示着被殖民统治的人民未来的苦难。

在拉丁美洲和中美洲，有许多种类的西番莲，其中一种可以生长出果实。在这些地区，西番莲通常由鸟类（如蜂鸟）或蝙蝠进行传粉。这在一定程度上解释了为什么雌蕊和雄蕊是肉质的，并向下弯曲，以便更好地抵抗那些贪婪的传粉者。花丝的光芒使昆虫的复眼都聚焦在花朵的中心，那里的气味最具吸引力。当蜜蜂和大黄蜂停在那里时，它们会朝着更暗的中心位置前进，那里有一个蜜蜂沟——一条只有足够长的口器才能到达的地下河流。当它们在中央柱子周围享受美食时，在花朵的早期阶段，昆虫的背部会粘上花粉，接触到完全成熟的花药。与此同时，由三个末端带有球形的柱头组成的雌蕊会向上竖立。因此，花粉不会意外接触花柱。这避免了自花授粉。

大约在花开的第二天，花药已经排空并枯萎。雌蕊开始下降，与大黄蜂或蜜蜂的授粉高度相一致。此时，任何曾在稍早前访问过一朵花并且因此背上粘有花粉的昆虫，将与已经下降的柱头接触。与第一朵花的花粉接触柱头后，交叉授粉就完成了。

美丽的西番莲花首先作为简单的传教工具而引起了人们的迷恋，然后植物学家们对其独特的结构产生了兴趣。现在，它对你来说已经没有秘密了！

秋海棠

跨性别艺术

秋海棠在室内非常常见并且很能吸引人的目光，绿色背景上的白点、粉红和深绿色的条纹、红叶上的灰色纹路都使它十分显眼。秋海棠是一类非常多样的植物，可以通过简单的扦插或者将叶片、茎泡在水中来轻松繁殖。几天后，根开始生长出来，新植物就可以被移植到盆土中。但在世界上某些地方，秋海棠并不生长在花盆、花箱或者花坛中。它们生长在草地、森林边缘，以及其他许多地方，只要气候温暖潮湿，它们几乎全年都可以生长，这包括中美洲和南美洲的热带地区、非洲、亚洲和大洋洲。

总之，共有两千多种秋海棠，在许多地方都肆意生长。海地也是有秋海棠分布的地区之一，海地有几个品种，其中包括由路易十四时代的植物学家查尔斯·普吕米埃发现并带到欧洲的品种，据说是为了向法国植物学家米歇尔·贝贡致敬，当时他是圣多明各的总督。

当秋海棠在其自然环境中生长时，它会像超过 80% 的其他花卉植物一样，利用动物来传播花粉。秋海棠是约 5% 同时具有雄花和雌花的花卉植物之一。这就变得复杂起来，秋海棠可能是出于吝啬的原因，不向传粉者提供花蜜。

学名
秋海棠（*Begonia* sp.）
科
秋海棠科
生境
热带森林的林下
观察地点
在园艺店中，它是一种室内植物。罗什福尔的秋海棠保护区，前身为米歇尔·贝贡的领地，汇集了世界上最多的秋海棠品种。
花期
4 月至 10 月

传粉策略

秋海棠花朵有的是雌性的，有的是雄性的，它们不产生花蜜。但是由于雄性花朵提供花粉，它们会吸引传粉者。雌性花朵具有假花蕊，假装提供花粉以吸引昆虫访问。

对昆虫来说，唯一的好处就是找到花粉作为食物。花粉由与雄蕊相连的花药携带。那么很好，我们的昆虫将寻找雄花上的花粉；在这个过程中，它们会在触须上粘一些花粉。但是，如果雌花既没有花蜜也没有花粉，为什么这些昆虫会去雌花上呢？雌花对蜜蜂来说并没有营养价值。

但是，蜜蜂会不会被欺骗？雌花的外观会不会骗过它们？秋海棠正是如此！雌花的雌蕊看起来像一个金黄色的球形团块，非常像雄花的花药。蜜蜂在雄花上收集了一些花粉，希望能得到更多。

右页图自上而下：

- 柄黑蝇寻找秋海棠雄性花朵上的花粉。
- 秋海棠的雌性花序。
- 《秋海棠》，谷上广南（Konan Tanigami），1917 年。

它们看到另一朵花似乎也有花粉，就会立即飞向这朵花，试图获取花粉。但是这其实是徒劳的。不过，尽管不知道情况，它们仍然成功地在雌花的雌蕊上撒下了花粉，我们要记住，雌蕊的形状与花药非常相似。蜜蜂将花粉从雄花传递到雌花，从而使秋海棠实现了异花授粉。

当然这种欺骗可能会失效，并被传粉昆虫所注意，如果它们被欺骗得太多，它们可能会失去耐心，并认为这些秋海棠没有什么油水，然后到别处采蜜。然而，我们的秋海棠比昆虫更聪明，它们产生的雄花比雌花多得多。因此，在大多数情况下，当昆虫停在秋海棠的花上时，它们可以获取花粉。这样一来，雄花比雌花数量多这个客观事实对整个物种是有利的。

鹤望兰

金丝雀的栖木

鹤望兰是一种令人印象深刻的花朵，可以在欧洲的花店中找到，它能为任何花束增添异国情调和吸引力。尽管它可以在温暖潮湿的温带国家地区种植，但鹤望兰是来自南非特殊生态系统的外来植物。

它的学名 *Strelitzia* 是为了向英国夏洛特女王致敬（她来自梅克伦堡－斯特雷利茨）。其通俗名称"鹤望兰"或者"天堂鸟"描绘了它令人惊叹且壮丽的外观，与异国鸟类非常相似：坚硬的花蕾（也称为苞片）垂直伸展，类似于尖锐的喙。在花蕾底部，有三片橙黄色的花萼，类似于一只起飞的鸟的尾巴和翅膀，在周围的绿叶中显得十分醒目。最后，三片蓝色花瓣分离出来，其中两片相连，形成一个水平的向前进似的轮廓。

"鹤望兰"的名字也与它的传粉策略联系在一起，因为它是鸟媒花，由鸟类传粉。人们可能会认为它与极乐鸟相似的外观是为了用来吸引寻找繁殖伴侣的鸟类，就像一些兰花通过模仿某些昆虫的外观一样。但是，极乐鸟并不是鹤望兰的传粉媒介。鹤望兰主要由南非金丝

学名
鹤望兰（*Strelitzia reginae*）
科
鹤望兰科
生境
热带地区的灌木丛、树篱、热带花坛
观察地点
在花店和园艺店很常见，它可以在全年不结冰的地区（法国布列塔尼南部和法国其他南部地区）的露天种植。例如，可以在曼通的瓦尔·拉姆花园中找到它。
花期
6 月至 8 月

227

传粉策略

　　这种花很大，由几片坚实的花瓣和萼片组成。它由鸟类传粉，产生大量花蜜但没有气味。对于前来寻找花蜜的鸟类来说，排列的花瓣提供了一个栖木，可以承受访客的重量，因此花粉会黏附在它们的脚上。

雀进行传粉，这是一种群体生活的小麻雀。花朵引人注目的形状不是为了欺骗金丝雀，它既不模仿其形状，也不模仿其颜色。形成鲜艳对比色的橙色和蓝色以及令人印象深刻的花朵尺寸，首先是为了引起鸟类的注意，并引导它们前往花朵获取丰富的花蜜。鸟类对花粉并不在意，花粉不是它们的食物。所以，别在鹤望兰上寻找任何香味，像所有吸引鸟类的花朵一样，它不浪费精力产生香气化合物，因为鸟类的嗅觉并不发达。

　　然而，作为一种避免自花传粉的花朵，鹤望兰会竭尽所能让鸟类在身上轻轻粘上一些花粉，而鸟类并不知晓，花粉最终会落在另一朵花的柱头上。为此，鹤望兰已经考虑到了一切：它是一种可以提供无限量花蜜的"自动售货机"，并且为了取悦鸟类，花朵巧妙地配备了一个恰到好处的鸟类栖息地，使它们能够轻松发现花蜜并以最佳角度悠闲地啜饮花蜜。金丝雀可以自然地停在蓝色的连体花瓣上。两片相连的花瓣自动下降，从以前隐藏在第三片花瓣下的位置展露出珍贵的花蜜。但是花朵的工程设计并不止于此：花瓣在鸟的重量下轻轻分开，自动地将成熟的雄蕊组成的一条长白带覆盖在鸟的脚和腹部上。这样，金丝雀就会被花粉覆盖，当它继续寻找花蜜，靠近下一朵花时，附在脚上的花粉首先会沉积在"栖木"的末端，也就是雌蕊所在的地方。新的花朵因此接收了前一朵花的花粉，任务完成。

　　你可以轻轻按压鹤望兰的花瓣，亲自体验隐藏的花粉露出来的过程。

右页图自上而下：

● 一只幼年蜂鸟停在鹤望兰的下花瓣上。

● 正在盛开的鹤望兰花朵。

● 《与猴子一起的自画像》（其背景中有鹤望兰），弗里达·卡罗（Frida Kahlo），1943 年。

再下两页：

● 鹤望兰花瓣的鲜艳色彩。

术语表

B

苞片

位于花的基部，是花和茎交汇处的叶子。这种苞片有时会缺失，或者转化为其他部分。例如，牛蒡的苞片相互融合形成围绕花序的钩形锥体。

苞片

包围穗状花序（例如玉米）或肉穗的大型苞片（花朵基部的叶片）。

闭花结实

不开放的花进行的自花授粉过程，例如豌豆或紫罗兰。

柄

将花连接到主茎的细长小茎。通常，苞片位于柄和主茎的连接处。并非所有花朵都有柄。例如，蝇子草和常春藤都有柄，而玉米、红千层和车前草则没有。苦草的雌花柄呈螺旋状。

C

产卵管

某些昆虫雌性个体的生殖器官，用于在水果、花朵或种子中产卵。

唇瓣

兰花的下唇瓣，可能不成比例，并在吸引昆虫的传粉策略中起着作用，例如在蜂兰或铁锤兰中模仿昆虫的身体，或在吊桶兰中充满精油。

雌蕊

雌性生殖器官的上部分，由柱颈和柱头组成。

雌雄异株

植物具有非两性花（它们具有仅雄性或仅雌性的花朵），并且位于不同的个体上。因此，存在仅雄性个体和仅雌性个体。苦草就是这样。

D

单性花

具有非两性花的植物：它们具有完全雄性或完全雌性的花朵，这些花朵生长在同一株植物上。秋海棠就是这种情况。

动物传粉

花粉从一朵花传到另一朵花的过程，通过动物传播。

E

萼片

往往是花朵最外层的元素。萼片通常呈绿色，比花瓣更坚硬，最初的作用是保护花朵，特别是在花蕾时期。例如，我们可以在番茄的底部找到这些萼片，作为花的残余。在某些情况下，萼片可能带有颜色，并在吸引传粉者方面起作用，例如在西番莲中。有时，萼片会着色并与花瓣混淆，这种情况下称为合萼片。所有萼片的集合称为萼片。

F

风媒传粉

花粉通过风从一朵花传递到另一朵花

的过程。

辐射对称

花的形态与辐射状的平面相一致，如郁金香、玫瑰或向日葵等。

G

谷壳

相当于穗状花序的基部鞘片，常常有两片，例如玉米和莎草科植物。

管状

菊科植物花序中的一种花，其花瓣融合成长管状。这是向日葵中心的花朵或牛蒡的花朵。其中每个都是一朵花。

H

合萼片

当花瓣和萼片具有相同外观时，它们被称为合萼片。

花瓣

花朵的主要彩色部分。它的作用与吸引传粉者有关，同时也保护生殖器官，例如风铃草。花瓣可以是彼此分离的（如罂粟花）或多多少少融合在一起的（如毛地黄）。花瓣的颜色和花纹与繁殖相关的功能各不相同，例如吸引花蜜的引导器或产生热量的集中区域。

有时，花瓣和萼片具有相同的外观，它们被称为合萼片。所有花瓣的集合称为花冠。

花萼

所有萼片（无论是否融合）的总称。

花粉

由小颗粒（花粉粒）组成，每个花粉粒包含两个被细胞保护的精子，包围花粉

粒的外壳非常坚硬。每种花都会产生具有特定雕纹的花粉粒。花粉粒非常耐久，可以在古老的土壤中保存下来，从而可以重建消失的生态系统中的物种组合。花粉粒可以通过风、动物或水传播到同一物种不同植株的雄性部分和雌性部分，实现异花授粉。一旦花粉粒接触花柱，它就会向着胚珠生长，并使精子与卵细胞和心皮接触。

花粉块

在兰花中，多个花粉粒聚集在一起形成的块状物。通常情况下，当昆虫接触花朵时，会有两个花粉块从花中脱落并黏附在昆虫的头部或背部，然后被传送到另一朵兰花。

花梗

承载花序的茎和总花序的整体。

花冠

所有花瓣（无论是否融合）的总称。

花蜜

植物产生并分泌到蜜腺中的甜液。花蜜含有不同类型的糖（如果糖、蔗糖等），糖的浓度可以有不同程度的高低。此外，花蜜有时可能含有细菌或酵母，在某些情况下可以通过消化其中的糖进行发酵。这种发酵会产生热量（如铁筷子）或酒精（如火烧兰）。花蜜是昆虫传粉者如蜜蜂的主要能量来源。例如，蜜蜂会采集花蜜并在蜂群中加工成蜂蜜储存起来，以在冬季继续获取食物。

花蜜腺

一种分泌花蜜的腺体，通常位于花朵底部，在生殖部分下方。花蜜腺可以位于被称为距的突出部分的深处。伪花蜜腺（伪性花蜜腺）可以存在以吸引传粉者，例

如黑种草中的伪花蜜腺。

花丝

连接花的基部和花药中成束的花粉之间的细线。花丝和花药组成一个雄蕊。

花序

由同一花轴产生的聚集在一起的花的总体。

花序小孔

无花果花序底部的孔。

花药

花粉粒聚集在花的柄上。花药和花丝构成一个雄蕊。

花柱

雌蕊的延长部分，连接着柱头所在的顶端和包含胚珠的子房所在的基部。花柱可以长短不一（例如木槿的花柱很长，而罂粟的花柱短而粗）。

J

交叉受精

来自两个不同花朵（通常由同一物种的两个不同植株携带）的雄性（精子）和雌性（卵细胞）配子的结合。这需要花粉从一朵花传到另一朵花，是传粉现象的核心。花在进化过程中采取了吸引传粉者的策略。交叉受精具有促进个体间基因交流的优势（两个具有不同基因的亲本产生配子），这是物种进化的基础之一。在绝大多数情况下，这种传粉策略比自花授粉更好。

距

花冠的一个细长突起，突出在花的后部。它含有花蜜，只能被蜜蜂的长口器或蝴蝶的吻触及。

K

昆虫传粉

花粉通过昆虫从一朵花传到另一朵花的过程。

L

两侧对称

花的形态沿着一个两侧对称（或轴对称）的平面：可以将花的左半边与右半边重叠。这是金鱼草、鼠尾草和天竺葵花的情况。

两性花

既具有雌蕊（由子房和柱头组成）又具有雄蕊（由花丝组成）的花。

龙骨瓣

豆科植物花的下部两个融合的花瓣，如鲁冰花。

M

膜翅目昆虫

一类具有共同特征的昆虫（或分类单元），包括具有两对彼此相连的翅膀（看起来只有一对翅膀）。它来自拉丁语 *hymenoptera*，源于希腊语 *humenopteros*，意思是"有膜翅的"。

膜翅目昆虫包括最专门的传粉昆虫，如独居蜜蜂（如裂唇蜂）和社会蜜蜂（例如蜜蜂或大黄蜂），以及黄蜂和蚂蚁。

P

配子

雄性（精子）或雌性（卵细胞）的性细胞。与植物的其他细胞（称为植物细胞）不同，这些细胞只含有产生它们的植物的基因组的一份拷贝。

配子体自不亲和性

配子体自不亲和性是指同一植物（因此共享相同的基因组）的两个配子（精子和卵细胞）不会接触，即使花粉达到同一植物的柱头。一种非常常见的自不亲和性方式是同一植物的花粉表面被柱头表面所识别。植物化学反应阻止花粉颗粒完全生长到花柱中，并与卵细胞接触。

Q

旗瓣

豆科植物花的上部花瓣。

扦插

一种植物繁殖的园艺技术，其中植物的一部分（茎、叶）被放入水中然后放入土壤中。它会生根并成为一株新的植株。例如，秋海棠就可以使用这种方式繁殖。

R

肉穗

特征于疆南星的花序（一组花）的一部分。它是花序的中心部分，在底部包含隐藏在苞片下的花朵。在天南星中，肉穗末端呈尖形或瓢棍状。

柔荑花序

像荨麻或榛树一样，柔软且下垂的花序，没有花梗。

S

伞形花序

伞形科植物特有的花序类型，小花聚集在花梗上形成球状或盘状，都起源于茎上的同一点。野胡萝卜的花就是这种情况。

舌状花

菊科植物总花序的一个主要花，它形成一个主要的花瓣。这些是向日葵的外围花。

穗

直接附着在茎上的一串花的简单花序，没有花梗。玉米和车前草的花就是这样。

T

田间花卉

与农业实践相关的花卉。

W

伪花蜜腺

外观类似产生花蜜的花蜜腺的突出部分。

无花果

无花果的特殊花序，其中没有可见的花。它是一个像花序一样自我包裹的花托。无花果的孔位于底部。

无性繁殖

植物的无性繁殖方式。没有传粉、受精和种子的参与，子代植株是通过母本植株的克隆产生的。许多植物采用植物繁殖作为辅助或替代需要传粉的受精过程的方式。这些植物通常采取特定的方式进行这种繁殖，例如紫罗兰的葡匐茎。

X

小花

参见管状花。

小穗

一串小穗的集合。

心皮

雌性生殖器官，包括子房、胚珠、花

柱和柱头。通常一朵花有几个融合在一起的心皮，形成外部雌性生殖部分。所有的心皮最终会形成果实。

信息素

一种类似于激素的化学物质，昆虫会分泌它们以进行化学交流，无论是有意还是无意的。例如，雌性昆虫会释放性信息素来吸引雄性个体，还有防御信息素以及由传粉昆虫在花朵上留下的信息素以指示其经过。一些花朵模仿信息素以吸引传粉昆虫（许多兰花就是这种情况）。

雄蕊

产生和展示花粉以进行传粉的雄性器官。雄蕊由聚集花粉的花药和将花药固定在花上的花丝组成。

选择

两个特定个体相遇，产生特定的后代，并将父母的特征传承给后代。选择可以是自然的，也可以是人为的。自然选择是指适应环境的个体有更大的繁殖机会，并将有益的特征传递给后代。随着世代的演化，如果环境对特定特征有利，自然选择将趋向于固定这种特征。与传粉相关的优势通过自然选择促进了花卉植物和昆虫传粉者的进化。而人类可以通过人工选择来影响选择的方向，即促使具有所需特征的两个个体进行受精。

驯化

人类进行的人工选择，以促进植物表现对人类有益的特征。这在蔬菜中很常见，如从野生胡萝卜中选择出来的胡萝卜。

Y

翼片

豆科植物花的两片侧瓣。

瘿

植物的肿瘤状突起，通常是由昆虫的侵袭或产卵引起的。

Z

柱头

雌蕊的上部分。花粉颗粒与花的雌性部分接触的地方就是柱头的表面。

子房

雌性生殖器官（心皮）的下部分，位于柱头（由花柱和柱头组成）下方。

自花授粉

自花授粉是指同一植物（可以是同一朵花，也可以是同一株植物上的两朵花）的一个雄性配子（精子）和一个雌性配子（卵细胞）相结合。两个配子具有几乎相同的基因，因为它们来自同一个亲本。受精将产生果实和种子，但这些果实和种子通常比交叉授粉时的质量要差。从长远来看，进行自花授粉的物种在进化上不如通过交叉授粉繁殖的物种有利，特别是在不稳定的环境中。此外，自花授粉导致的近亲交配可能对物种的生育能力产生不良影响。然而，一些花朵会进行自花授粉，例如豌豆，以及紫罗兰、黑种草、风铃草和郁金香等。

总花序

许多无梗花聚集在一个花托上的一种花序类型。例如，向日葵、牛蒡和雪绒花就属于这种情况。

总状花序

穗状花序的一种，例如玉米。

参考书目

著作

Allaby Michel, *La Scandaleuse Vie sexuelle des plantes*, Paris, Hoëbeke, 2018.

Burnie David, *Le Mystère des plantes*, Paris, Gallimard, 1989.

Hodge Geoff, *La Botanique du jardinier*, Paris, Marabout, 2014.

Pelt Jean-Marie, *La Beauté des fleurs et des plantes décoratives*, Paris, Chêne, 2007.

Thomas Régis, Busti David, Maillart Margarethe, *Petite flore de France. Belgique, Luxembourg, Suisse*, Paris, Belin, 2016.

Willmer Pat, *Pollination and Floral Ecology*, Princeton, Princeton University Press, 2011.

论文

Collectif, « Les abeilles, familières et extraordinaires », *Espèces. Revue d'histoire naturelle*, no 31, 2019.

Corbera Jordi, Alvarez-Cros Carlos et Stefanescu Constantí, « Evidence of butterfly wing pollination in the martagon lily *Lilium martagon L.* », *Butlletí de la Institució Catalana d'Història Natural,* 2018.

Fetscher Elizabeth et Kohn Joshua, « Stigma behaviour in Mimulus *Aurantiacus (Scrophulariaceae)* », *Amercian Journal of Botany*, 1999.

Friedman Jannice, Hart Katherine S. et Bakker Katherine M. den, « Losing one's touch: Evolution of the stigma in the *Mimulus guttatus* species », *American Journal of Botany*, 2017.

Gadoum Didier, « La mellite de la lysimaque », *Insectes*, 2009.

Goodwillie Carol et Weber Jennifer J., « The best of both worlds? A review of delayed selfing in flowering plants », *American Journal of Botany*, 2018.

Gottsberger Gerhard, « Generalist and specialist pollination in basal angiosperms (ANITA grade, basal monocots, magnoliids, *Chloranthaceae* and *Ceratophyllaceae*): what we know now », *Plant Diversity and Evolution*, 2016.

Liao Hong (dir.), « The morphology, molecular development and ecological function of pseudonectaries on *Nigella damascene Ranunculaceae*) petals », *Nature Communication*, 2020.

Wojtaszek J. W. et Maier C., « A microscopic review of the sunflower and honeybee mutualistic relationship », *International Journal of AgriScience*, 2014.

Wróblewska Anna et Stawiarz Ernest, « Flowering of two *Arctium L. species* and their significance as a source of pollen for visiting insects », *Journal of Apicultural Research*, 2012.

视频纪录片

The Private Life of Plants, David Attenborough pour la BBC, 6 épisodes de 50 minutes, 1995.

L'Aventure des plantes, Jean-Marie Pelt et Jean-Pierre Cuny pour TF1, 26 épisodes, 1982 à 1987.

致 谢

特别感谢皮埃尔·蒂希博士和费利克斯·拉勒芒博士的科学灵感！理查德·兰斯当，英国皇家植物园（Kew Gardens）的研究员，以及他的合作者们，帮忙找出了苦草；安瓦尔·巴伊·拉姆贾恩博士和维卡什·塔塔亚博士为我们找到了毛里求斯最新的守宫花的图片。

感谢马蒂厄·利奥罗博士和安德鲁·巴龙教授在我攻读博士学位期间让我深入研究授粉的精彩世界！

特别感谢阮清兰提供的绝美、专业和神奇的插图！

没有鲍里斯·吉尔贝的默契合作和阿丽安娜的协助，这本书是无法完成的，在此对他们表示感谢。

最后，感谢我的家人，他们一直以来都精心维护着自己的花园，并在不知情的情况下帮助我培养了对花朵的喜爱。感谢爷爷奶奶以及他们生机勃勃的菜园。

感谢萨拉和阿德琳与我共度作家生活的点滴。

感谢你，格温，陪我走遍整个法国，耐心倾听了我那些无聊的轶事……

作者简介

西蒙 - 克莱因（Simon Klein）是一位生态学家，拥有生态学博士学位，主要研究领域为传粉，并取得生命与地球科学的教师资格认证。他长期致力于研究花卉、授粉昆虫的行为和人类活动导致的气候变化之间的联系。他的研究成果已在众多期刊得以发表。克莱因博士喜爱科普事业，热衷于向公众宣传气候变化和生物多样性保护相关的环保议题。他目前在与联合国教科文组织合作的法国气候教育办公室工作。

插画师:【法】阮清兰（Loan Nguyen Thanh Lan）

图书在版编目（CIP）数据

植物的隐秘生活 /（法）西蒙·克莱因著；王茜译 .
-- 北京：中国科学技术出版社，2024.8
ISBN 978-7-5236-0669-8

Ⅰ.①植…　Ⅱ.①西…　②王…　Ⅲ.①植物—普及读物
Ⅳ.① Q94-49

中国国家版本馆 CIP 数据核字（2024）第 084559 号

著作权合同登记号：01-2023-3994

La vie sexuelle des fleurs © Hachette-Livre (EPA), 2022
Author: Simon Klein
Illustrator: Loan Nguyen Thanh Lan

策划编辑	单　亭　许　慧
责任编辑	向仁军
封面设计	麦莫瑞
正文设计	中文天地
责任校对	张晓莉
责任印制	李晓霖

出　　版	中国科学技术出版社
发　　行	中国科学技术出版社有限公司
地　　址	北京市海淀区中关村南大街 16 号
邮　　编	100081
发行电话	010-62173865
传　　真	010-62173081
网　　址	http://www.cspbooks.com.cn

开　　本	710mm×1000mm　1/16
字　　数	196 千字
印　　张	15
版　　次	2024 年 8 月第 1 版
印　　次	2024 年 8 月第 1 次印刷
印　　刷	北京博海升彩色印刷有限公司
书　　号	ISBN 978-7-5236-0669-8 / Q·271
定　　价	118.00 元